Jung oder alt?

Schalenwild richtig ansprechen

BRUNO HESPELER
BERND KREWER

blv

Was Sie in diesem Buch finden

Vorwort

Seit Erscheinen der ersten Auflage dieses Buches hat sich am Aussehen des Wildes zwar nichts geändert, aber bezüglich seiner Altersmerkmale haben uns Wildbiologie und Praktiker manch hohlen Zahn gezogen. Wir wissen und akzeptieren, dass in der Vergangenheit nicht selten der Wunsch Vater des Gedankens war. Natürlich können wir nicht mit Götterblick den vierjährigen vom fünfjährigen Bock unterscheiden. Kein wirklicher Praktiker schwört einen Eid darauf, ob ein Hirsch nun vom 10. oder doch erst vom 9. Kopf ist. Wir müssen es auch gar nicht. Worauf es wirklich ankommt, sagt uns eigentlich schon der Titel des kleinen Buches: Jung oder alt?

Dass zwischen Wollen und Können auch früher schon ein tiefer Graben lag, haben all jene ständig neu erfahren, die mit dem Hund am Riemen auszubügeln versuchten, was widrige Umstände und schwache Nerven ihrer Mitjäger und Nachbarn zuweilen anrichteten. Trotzdem sind wir weit entfernt davon, alles, was mit Ansprechen zu tun hat, einfach vom Tisch zu wischen.

Es geht darum, das Wesentliche zu erkennen. Der Jäger muss die Gesamtsituation – das Verhalten des Wildes ebenso wie seine Körpermerkmale sehen. Das dem Rudel vorweg ziehende Leittier ist nun mal führend und damit tabu. Und auch beim Schwarzwild kommt – in der Regel – als erstes die Bache und hinter ihr die Perlenschnur aus Frischlingen. Es ist ohne Belang, ob eine Bache zwei- oder vierjährig ist; wichtig ist nur, dass wir sie als solche erkennen und entsprechend handeln! Wie oft aber wird – warum auch immer – gerade auf das erste Stück gedonnert?

Ziel des Ansprechens ist es, die biologische Klasse zu erkennen, in die das betreffende Stück eingeordnet werden muss!

Beim Rehwild lassen sich drei Gruppen halbwegs sicher unterscheiden: Kitze, Jährlinge und Mehrjährige. Bei letzteren darf dann »gedeutelt« werden; sichere Altersmerkmale gibt es nicht, höchstens Hinweise, die eine Wahrscheinlichkeit unterstützen!

Mit Bernd Krewer konnte ein alterfahrener Praktiker und Schweißhundeführer gewonnen werden, der sich in diesem Leitfaden dem Rot- und Muffelwild widmet. Ihm, besonders aber dem BLV Buchverlag sei dafür gedankt, dass »Jung oder alt?« in neuer, zeitgemäßer Form erscheinen konnte.

BRUNO HESPELER

Rotwild

Die Sozialstrukturen der Rotkahlwild-Familien- und Rudelverbände sind kompliziert. Alte Hirsche sind für einen frühen Brunftverlauf wichtig und wirklich alte Alttiere haben die Verantwortung für die Sicherheit ihrer Rudel. Eine intime Kenntnis der Biologie dieser letzten Großwildart Deutschlands und ein sauberes »Ansprechen-Können« sind unabdingbare Voraussetzungen für eine wildartgerechte Bejagung.

1__Ende Mai/Anfang Juni setzt das Alttier in der Regel ein, in sehr seltenen Fällen (unter 5 %) auch einmal zwei Kälber. Die jetzt eingefallenen Flanken unterscheiden, neben der spitz von hinten deutlich sichtbaren Spinne, auch das junge Alttier vom Schmaltier, dessen Erlegung ja ab 1. Juni in den meisten Bundesländern möglich und erlaubt ist. In den ersten Wochen nach dem Setzen wird das Kalb noch sehr häufig abgelegt – das Tier zieht früh und alleine auf die Äsungsfläche oder Kultur, um seinen durch die Milchproduktion jetzt sehr hohen Nährstoffbedarf zu decken. Der Jäger muss sich sehr viel Zeit lassen und wirklich genau ansprechen, ob er tatsächlich ein Schmaltier vor sich hat oder ein junges Alttier, dessen Kalb abgelegt wurde, ehe er den Finger auf ein vermeintliches »Schmaltier« krümmt.

2__Die ersten Wochen nach dem Setzen des Kalbes ist das Alttier fast immer im Wind seines abgelegten Kalbes zur Äsungsaufnahme unterwegs, so dass es stets informiert ist, ob und dass sein Kalb noch am Ablege-Platz ist oder nicht. Zu keiner Zeit im Jahr ist seine Standorttreue so ausgeprägt wie in diesen Wochen, bis das Kalb folgen kann und sich dann auch die Familienverbände so langsam wieder zusammenfinden: das Kalb des Vorjahres (Schmalspießer oder Schmaltier, soweit sie noch leben) und die übrigen näheren und weiteren Verwandten mit ihren diesjährigen Kälbern.

3__Ist das Kalb zwei oder drei Wochen alt, gesellt sich auch das vorjährige Kalb – jetzt Schmalspießer oder Schmaltier – wieder zur Familie. Jetzt ist das Ansprechen infolge der Vergleichsmöglichkeiten erheblich sicherer. Die nicht vorhandene Spinne, der noch jugendliche Habitus und das noch kindliche Gesicht unterscheiden deutlich das Schmaltier vom Alttier.

Aber Vorsicht: Im Gegensatz zum Rehwild ist die Spinne beim Alttier individuell manchmal nicht deutlich zu sehen. Größte Vorsicht und Genauigkeit beim Ansprechen sind zwingende Voraussetzungen für einen verantwortbaren Schuss auf ein Schmaltier in dieser Jahreszeit.

Die Abbildung zeigt: Alttier, davor das Schmaltier und links außen das Kalb.

1

2

3

1__Das Jahr ist weiter fortgeschritten, unser Familienverband steht immer noch zusammen. Auch jetzt ist die Unterscheidung von Alt- und Schmaltier im Körperbau und an der Spinne leicht möglich, wenn auch die vorher eingefallenen Flanken des Alttieres durch die reichliche Sommeräsung aufgefüllt wurden. Deutlich sehen wir, dass das rechts stehende Schmaltier keine Spinne hat. Im Zweifelsfall sollten wir warten, bis es sich vielleicht einmal mit einem Hinterlauf am Lauscher kratzt, dann sehen wir es ganz genau.

Von links: Alttier – Kalb – Schmaltier

2__Manchmal begegnen uns auch einzeln ziehende Schmaltiere. Jetzt fehlen uns die Vergleichsmöglichkeiten mit dem Alttier und wir müssen schon sehr genau hinsehen und warten, bis uns das Stück den Gefallen tut, sich so spitz von hinten zu präsentieren wie auf diesem Foto. Hier sehen wir deutlich, dass eine Spinne nicht vorhanden ist. Weitere Gewissheit gibt uns der typische, neugierig-kindliche Gesichtsausdruck dieses Schmaltieres.

3__Das viel länger erscheinende, trocken wirkende Haupt weist dieses Stück eindeutig als Alttier aus. Oft – aber nicht immer – sind die Alttiere auch im Sommerhaar nicht mehr so rot wie das vorherige Schmaltier gefärbt, sondern mehr rot-grau. Bei manchen Stücken (auch Hirschen!) sind die »Kälberflecken« noch in späteren Lebensjahren (Sommer- und Winterhaar), wenn auch nicht mehr so deutlich ausgeprägt, zu erkennen. Und dann müssen wir natürlich sehr genau nach der Spinne sehen, also warten, bis es sich spitz von hinten präsentiert. Wir sehen aber auf diesem Bild auch, dass man bei manchen Stücken eben wirklich sehr genau hinsehen muss, um sich Klarheit darüber zu verschaffen, ob man ein führendes oder nicht führendes Tier vor sich hat. Im Zweifelsfall führt jedes Alttier und daher ist im August bei jedem Schuss auf ein Tier äußerste Vorsicht und penibel genaues Ansprechen angesagt.

Hat ein im Herbst/Winter verwaistes Rehkitz oder ein Frischling noch relativ gute Überlebenschancen, so ist ein in derselben Jahreszeit mutterlos geschossenes Rotwildkalb einem enormen sozialen Stress ausgeliefert. Es wird in keinem Rudel mehr geduldet und erleidet ein für ein Rudeltier nahezu unerträgliche Vereinsamung. Gelegentlich finden wir solche Waisen in Hirschrudeln und in einem solchen Falle sind die Überlebenschancen deutlich größer.

1

2

3

1__Für den erfahrenen Rotwildjäger lässt auch der Gesichtsausdruck einige Rückschlüsse auf die Altersklasse zu. Der kindlich-neugierige und arglose Gesichtsausdruck dieses Kalbes wird langsam dem schon vorsichtigeren des Schmaltieres weichen und zuletzt in eine Inkarnation aus Vorsicht und Misstrauen des alten Alttieres übergehen.

2__Das Ansprechen eines Kalbes ist selbst für den rotwild-unerfahrenen Jäger kein Problem. Bis zur Monatswende August/September ist die Decke gefleckt und erst mit dem nun wachsenden Winterhaar verliert das Kalb seine »Kälberflecken«. Die Erlegung von noch gefleckten Kälbern mit den zugehörigen Alttieren als Doubletten im August kann eine sehr effektive jagdliche Maßnahme sein, den notwendigen Anteil an Alttieren an der Gesamt-Kahlwildstrecke früh zu erreichen.

Aber auch hier ist zwingend: zuerst das Kalb erlegen. Im Monat August ist die Mutter – Kind – Beziehung noch sehr eng und das Alttier wird mit hoher Wahrscheinlichkeit zu seinem (erlegten) Kalb zurückkehren. Das Kalb muss »im Knall« verendet sein, dann ist nur noch Geduld und – hoffentlich – noch ausreichendes Licht angesagt, um das nach seinem Kalb suchende (und dabei meist »mahnende«) Tier ebenfalls noch zu bekommen. Gelingt dies aus irgendwelchen Gründen doch nicht, so ist jedenfalls keine Katastrophe passiert. Eine solche wäre es allerdings, wenn nach erfolgter Erlegung des Alttieres es nicht mehr gelänge, das dazugehörige Kalb ebenfalls noch zu schießen.

3__Teil eines vertraut ziehenden Kahlwildrudels im Frühherbst. Von rechts: Alttier – Schmaltier – Alttier – guter Schmalspießer. Beim rechten Alttier sehen wir deutlich die Spinne – und wir sehen auch, dass das zweite Stück ein Schmaltier ohne Spinne ist. In einer Situation wie dieser könnte man das zweite Stück von rechts – das Schmaltier also – bedenkenlos erlegen.

Der Anteil der Schmaltiere an der Gesamtstrecke des weiblichen Wildes ist in sehr vielen Rotwildgebieten erheblich zu hoch und erreicht mancherorten die 25-%-Marke. Er sollte jedoch etwa 10 % nicht überschreiten. Die »ideale« Aufteilung des Abschusses beim weiblichen Wild in einem normalen Rotwildbestand wäre (25 bis) 30 % Alttiere, 10 % Schmaltiere und 60 (bis 65) % Kälber.

1

2

3

1__Alttier (links) mit Kalb im Winterhaar. Das Ansprechen des Kalbes auf sein Geschlecht (Hirsch- oder Wildkalb) ist am lebenden Stück bis gegen Ende des ersten Lebensjahres nicht möglich – es sei denn, man kann beobachten, wenn das Kalb gerade nässt. Insofern fällt die Entscheidung »Schiessen« oder »Schonen« ausschließlich aufgrund der individuellen körperlichen Verfassung. Auch zu dieser Zeit sichert nur das lebende Alttier dem Kalb den Verbleib im hierarchischen Familienverband. Solange das Kalb lebt, darf das Alttier unter keinen Umständen erlegt werden.

2__Im Winterhaar ist das Ansprechen für den darin weniger geübten Jäger auch nicht einfacher als im Sommerhaar. Die Größe alleine kann sehr täuschen, starke, früh gesetzte Kälber können jetzt durchaus ein Gewicht von etwa 50 Kilogramm (aufgebrochen) erreichen. Zu einem schwachen Alttier, das vielleicht nur 65 Kilogramm auf die Waage bringt, ist der Unterschied also gar nicht mehr so groß. Hier ist das linke Stück eindeutig ein Kalb, das rechte entweder ein geringes (und noch junges) Alttier oder aber ein Schmaltier. Wenn also eines dieser Stücke (oder beide) erlegt werden soll(en), dann in jedem Falle zuerst das Kalb (links) und dann eventuell das rechte Stück, sofern es noch einmal verhofft.

Jedes Kalb bedarf zwingend der Führung seines Alttieres bis zum Alter von etwa 11 bis 12 Monaten. Die Freigabe von Alttieren bei herbst/winterlichen Bewegungsjagden ist daher nur dann zu verantworten, wenn dem Erleger die Beweislast auferlegt wird, dass das zugehörige Kalb in einem nachvollziehbaren räumlichen und zeitlichen Zusammenhang zuvor erlegt wurde. Beim Einsatz hochläufiger und damit schneller, womöglich stumm jagender Hunde werden Rudel häufig gesprengt und das nun eventuell alleine dem Jäger anwechselnde Alttier ist dann keineswegs »nicht führend«, weil eben das Kalb in eine andere Richtung gehetzt wurde. Auch ein hochflüchtiges Schmaltier kann selbst von einem »Profi« nicht von einem jungen führenden Alttier unterschieden werden. Insofern ist jeder Jagdherr/Jagdleiter nur dann auf der sicheren Seite, wenn er bei solchen jagdlichen Unternehmungen ausschließlich Kälber (und eventuell geringe Hirsche) freigibt.

1

2

1__Typischer Familienverband im Spätsommer/Frühherbst, bestehend aus einem (links) Alttier, davor das Kalb, rechts das Schmaltier. Es ist unter Umständen sinnvoller, einen solchen Familienverband komplett zu erlegen, als aus jedem der anderen Rudel nach und nach Stücke herauszuschießen, bis der Abschussplan erfüllt ist. Aber auch hierbei immer zuerst das Kalb (alternativ auch das Schmaltier, aber dann bekomme ich die beiden anderen Stücke wahrscheinlich nicht mehr!) erlegen – wenn es denn weitergezogen ist und das Alttier nicht als Kugelfang mehr dienen kann. Dann ist die weitere Reihenfolge egal und richtet sich danach, welches Stück als erstes breit und noch im Freien verhofft.

2__Der Kopf alleine ist kein verlässliches Altersmerkmal. Dieses Stück würde ich als junges Alttier oder aber übergehendes Schmaltier (also ein- über zweijähriges Tier, das als Schmaltier nicht erfolgreich beschlagen wurde) ansprechen.

3__Führendes Alttier im Spätsommer mit deutlich sichtbarer Spinne. Auch jetzt noch wird das Kalb manchmal abgelegt und das Tier zieht alleine. Wenn ein Alttier eine Spinne hat, führt es auch ein Kalb. Und jedes Kalb braucht zwingend die Führung seiner Mutter bis zum Ende seines ersten Lebensjahres. Ein Spektiv kann ein sehr brauchbares Hilfsmittel für den verantwortungsvollen Jäger sein, wenn er sich über die mögliche Mutterfunktion des vor ihm äsenden Kahlwildes absolute Klarheit verschaffen will.

Das Leittier eines aus mehreren Alttieren und deren Nachwuchs bestehenden Rudels behält diese Funktion nur so lange, wie es selbst ein Kalb führt. Daher sollte das Kalb des Leit-Alttieres niemals erlegt werden. Nur dem erfahrenen Leittier vertraut das Rudel seine Sicherheit an und unter seiner Führung wird es auch am hellen Vormittag auf die Wiese oder die himbeerüberwachsene Kultur ziehen. Für diese Tagaktivität, die für eine relative Schadensarmut (besonders der Schälschäden in den Einstandsdickungen) wichtig ist, haben diese erfahrenen wirklichen »Alt«-Leittiere eine große Bedeutung.

1

2

3

1__Sehr guter, etwa 15 bis 16 Monate alter Schmalspießer. Die »Knubbel« am unteren Teil der Stangen sind keine Rosen, sondern gerade bei »gut veranlagten« Spießern häufig zu finden. Die Spieße des Hirsches vom 1. Kopf stehen zunächst senkrecht auf dem Rosenstock und weisen dann in einem flachen Bogen nach hinten – im Gegensatz zu allen späteren Geweihstangen, die ab der (dann vorhandenen) Rose zunächst nach hinten und dann in einem Bogen nach oben-vorne geschoben werden. Auch wenn beispielsweise beim (sehr seltenen) Spießer vom 2. Kopf keine Augsprosse vorhanden ist, weicht die Stange dennoch dieser Augsprossen-Anlage nach hinten aus. Klasse III (a)*.

2__Die Geweihsubstanz wird aus dem Überschuss des Äsungsangebotes gebildet. Der junge Hirsch braucht natürlich alleine zum Auf- und Ausbau seines noch im Wachstum befindlichen Körpers sehr viel gehaltvolle Äsung. Schiebt er in diesem 2. Lebensjahr aber bereits Stangen, die in einer Gabel (oder gar einer Krone!) enden, dann sollten wir einen solchen Hirsch auf jeden Fall leben lassen. Der dünne Träger und der noch kindlich-neugierige Gesichtsausdruck, ja der im ganzen typische Habitus des Jährlings, sollten auch den weniger erfahrenen Rotwildjäger den Anblick genießen und den Finger gerade sein lassen. Klasse III (a).

3__Die Länge der Spieße beim Hirsch vom 1. Kopf hat – so das Ergebnis der Untersuchungen des Wildbiologen Dr. Helmuth Wölfel – weit weniger mit seiner individuell guten oder schlechten Veranlagung zu tun, sondern mit der Ranghöhe seiner Mutter im Rudelverband. Der Sohn eines ranghohen Tieres wird immer längere Spieße schieben als der Sohn eines rangniederen Alttieres. Es ist daher sinnvoller, die Auswahl unter den Spießern vorzugsweise nach deren Wildbretstärke und -verfassung zu tätigen als nur auf die Spießerlänge zu schauen. Dieser Hirsch vom 1. Kopf scheint ganz gut im Wildbret zu sein, hat aber nur sehr kurze Spieße geschoben. Oft gehen allerdings Stangenlänge und Wildbretverfassung Hand in Hand und machen uns die Entscheidung leicht. Da aber bei winterlichen Bewegungsjagden die Stangenlänge leicht, der Wildbretzustand jedoch eher schwierig anzusprechen ist, gilt in vielen Revieren bei solchen jagdlichen Unternehmungen meist die Stangenlänge als Erlegungskriterium (»unter 20 cm schießen, darüber leben lassen«), daher III (b).

*) Je nach Bundesland kann die Klassifizierung unterschiedlich ausfallen.

1

2

3

1__Kolbenhirsche im Hochsommer. Um diese Jahreszeit wirken eigentlich alle Hirsche jünger als sie möglicherweise tatsächlich sind. Die ruppige Winterdecke ist der dünneren, roten Sommerfarbe gewichen, der dicke »Haferbauch« hat sich noch nicht gebildet und die Mähne ist verschwunden. So wirkt jetzt auch der alte Hirsch wieder verhältnismäßig jung – es sei denn, man kann an seinem griesgrämig mürrischen Gesichtsausdruck ahnen, dass er tatsächlich sehr viel älter ist als er scheint. Die älteren Hirsche sind früher mit dem Schieben fertig als die Jüngeren – fegt der »Alte« bereits Ende Juli/Anfang August, so sind die Hirsche vom 2. Kopf erst einen Monat später »blank«. Die Spießer fegen oft noch viel später.

2__In der zweiten Hälfte der biologischen Lebenserwartung pendeln sich Abwurfdatum und Fegen des Geweihes oft auf wenige Tage genau ein, jedenfalls solange der Hirsch gesund und sozusagen im Vollbesitz seiner physischen Kräfte ist. Im sehr hohen Alter ist dann wieder der jeweilige aktuelle Gesundheitszustand terminbestimmend.

Die Haltung des Trägers ist ein recht verlässliches, wenn auch nicht in jedem Falle »stimmendes« Ansprechmerkmal. Der mittlere Hirsch trägt das Haupt noch sehr hoch und auch seine ganze Figur lässt auf einen jüngeren Hirsch schließen. Der (bereits gefegte) Hirsch am linken Bildrand scheint dagegen deutlich älter zu sein.

Das Rotwild lebt – im Gegensatz zum Rehwild – nicht territorial, sondern in mehr oder weniger hierarchisch strukturierten Rudelverbänden. Ihre Streifgebiete sind verhältnismäßig groß und je nach Jahreszeit sehr unterschiedlich. Die sich in der Feistzeit bildenden Hirschrudel lösen sich zu Beginn des Monats September auf, wenn bei den Hirschen der Testosteronspiegel steigt, die Brunft also bevorsteht. Während also die Kahlwildrudel über das ganze Jahr in ihrer Zusammensetzung relativ »stabil« bleiben (Ausnahme: Setzzeit), sind die Hirschrudel mehr oder weniger zufällige »Stammtischrunden«. Es sind allerdings auch Fälle bekannt, dass bestimmte, bekannte Hirsche über Jahre außerhalb der Brunft immer im Kleinrudel beieinander standen.

1

2

1__Ungerader Eissprossenzehner vom (wahrscheinlich) 2. Kopf. Der Träger ist noch dünn und wird hoch getragen, auch der Gesichtsausdruck spricht für die Jugend dieses Hirsches. Die »Brille« um die Lichter ist niemals ein Altersmerkmal und sollte nicht dazu verleiten, zu glauben, man habe hier einen Methusalem vor sich. Für den 2. Kopf ist diese Geweihausbildung und die Geweihmasse absolut ausreichend, wenn auch die Abschussrichtlinien vieler Bundesländer für den zu schonenden Hirsch vom 2. Kopf bereits eine doppelseitige Krone fordern. Nach Abschussrichtlinien: Klasse III (b), nach biologischen Richtlinien: Klasse III (a).

2__Junge Hirsche, der linke wahrscheinlich vom 2., der rechte vom 3. Kopf. Beide Hirsche sollten unbedingt geschont werden. Geweihbildung und körperliche Verfassung entsprechen ihrem jugendlichen Alter. Der rechte Hirsch hat bereits einen etwas breiteren Schädel – was allerdings auch individuell angeboren sein kann und nicht unbedingt ein verlässliches Merkmal eines höheren Alters gegenüber dem linken Hirsch zu sein braucht. Klasse III (a).

1__Hirsch vom (wahrscheinlich) 3. Kopf mit einem offensichtlichen Rosenstockbruch. Dazu sind beide Stangen abgebrochen (oder abgekämpft), die rechte oberhalb, die linke unterhalb der Mittelsprosse. Der linke Rosenstock ist wohl in der Wurzel gebrochen, die Stange wächst waagerecht aus dem Schädel heraus. Diesen Hirsch kann man erlegen, er wird niemals mehr ein »normales« Geweih schieben. Klasse III (b).

2__Junger Hirsch vom 2. Kopf. Wenn er auch keine Krone geschoben hat, entspricht er dennoch den Anforderungen an den »normalen« Hirsch in dieser Altersklasse. Auch die Wildbretverfassung scheint normal – und nur bei einem dringend notwendigen Reduktionsabschuss (auch bei den Hirschen) wäre die Erlegung dieses Jünglings gerechtfertigt. Klasse III (a).

3__Hirsch vom 3. oder 4. Kopf in der Feiste. Die beidseitigen Kronen sind (hoffentlich) seine Lebensversicherung, ein solcher Hirsch muss einfach die Chance bekommen, in das Reifealter hineinwachsen zu können. Der ansatzweise vorhandene »Hängebauch« ist jahreszeitlich bedingt – es ist ja die Zeit des höchsten Äsungsangebotes, die von den Hirschen auch genutzt wird. Es kommt ja noch die Brunft, in der die Äsungsaufnahme von der 1. auf die 2. Stelle der Lebensaktivitäten rückt. Bei unterstelltem 3. Kopf: Klasse III (a), bei 4. Kopf: Klasse II (a).

Fehlabschüsse in der Jugendklasse sind meist nicht allzu tragisch und eher zu verschmerzen als in der Mittelklasse der 4 bis 9-jährigen Hirsche. Die Lücke eines »falsch« geschossenen Dreijährigen ist ja nach drei Jahren wieder geschlossen, der Verlust eines acht Jahre alten Hirsches aber erst nach acht Jahren! Dennoch sollte der Eingriff in die Klasse der 1- bis 4-jährigen Hirsche nicht mehr als maximal 30 Prozent der vorhandenen Population abschöpfen. Im Idealfalle sollte also das qualitativ schlechteste Drittel erlegt werden. Da der Hirsch aber erst mit etwa dem 5. bis 6. Lebensjahr körperlich ausgewachsen ist und ab jetzt seine Überschüsse ganz in den Geweihaufbau stecken kann, ist eine verlässliche Aussage über seine genetische Bonität (in Bezug auf die Geweihmasse, weniger die Endenzahl und deren Anordnung) auch erst ab diesem Alter möglich. Obwohl wir also keine sicheren Kriterien haben, sollten wir dennoch auch in der Jugendklasse selektiv jagen und einfach davon ausgehen, dass der Achter vom 3. Kopf bessere Anlagen hat als der gleichalte Sechser.

1

2

3

1__Offensichtlich einseitiger Kronenhirsch vom 3. oder 4. Kopf. Um diesen Hirsch wäre es nicht schade – und dies umso weniger, wenn er bereits den 4. Kopf haben sollte. Wenn auch das verdickte Gabelende der rechten Stange darauf hindeutet, dass sich dieser Hirsch mehr vorgenommen hatte, als er letztendlich realisieren konnte – in einem normal gegliederten Rotwildbestand ist dieser Hirsch »entbehrlich«. Auch die kurzen Kronenenden (im Verhältnis zur Mittelsprosse) bestätigen diese Annahme. Bei 3. Kopf: Klasse III (b), bei 4. Kopf: Klasse II (b).

2__Gleiches gilt auch für diesen Hirsch vom vermutlich ebenfalls 4. Kopf. Er hat nicht einmal andeutungsweise eine ein- oder doppelseitige Krone geschoben und gehört in einem sozial richtig gegliederten Rotwildbestand sicher zur schlechteren Hälfte der Hirschpopulation. Auch die Geweihstärke läßt – in Bezug gesetzt zu seinem Alter – sehr zu wünschen übrig. Klasse II (b).

3__Wenn das Ansprechen und die Entscheidung »Schiessen oder Schonen« immer so leicht wäre wie bei diesem Hirsch. Gerader Sechser vom mindestens 4. Kopf, möglicherweise aber auch älter (die Altersmerkmale des Wildkörpers sind auf diesem Foto nicht ansprechbar), ein Hirsch, von dem viele Hirschjäger nur träumen können. Starke, lange Stangen ohne die Andeutung einer Gabel oder Krone. Klasse II (b).

Die Wildbiologen sagen uns seit vielen Jahren, dass die Kälber im Geschlechterverhältnis 1:1 gesetzt werden. Es wäre dies also auch das natürliche Geschlechterverhältnis im Gesamtbestand einer Rotwildpopulation. In den meisten Rotwildgebieten ist man davon jedoch weit entfernt, fast immer ist das Geschlechterverhältnis deutlich zugunsten des Kahlwildes verschoben. Und das, obwohl fast überall stets mehr Kahlwild als erlegt gemeldet wird als Hirsche. Hirsche wandern sehr viel weiter als Kahlwild, die Besiedelung neuer Lebensräume geht eigentlich immer von den Hirschen aus. Beweisbare postmortale Geschlechtsumwandlungen gibt es bei den erlegten Kälbern in größerer Zahl. Es werden nach den Streckenmeldungen immer wesentlich mehr Wildkälber als Hirschkälber erlegt. Da das Geschlecht eines Kalbes vor seiner Erlegung jedoch nicht festgestellt werden kann, dürfte im großen Schnitt auch die Gesamtstrecke der erlegten Kälber geschlechtsneutral, also 1:1 sein, wenn sie denn tatsächlich in diesem Verhältnis gesetzt werden. Die »Wanderhirsche«, die falsch deklarierten Kälber und sicher auch noch »Kofferraumhirsche« erklären nur teilweise das oft nicht mehr natürliche, sondern zugusten des Kahlwildes »verschobene« Geschlechterverhältnis in vielen Rotwildgebieten.

1

2

3

1__Hirsch in der Übergangsphase von der »Jugend« ins »Mittelalter«, jedenfalls so um den 4./5. Kopf. Rechts hat er zwar ein Krönchen, dafür aber keine Mittelsprosse, rechts ist er offenbar gerader Sechser ohne Gabel oder Krone.

Eine fehlende (nicht abgekämpfte!) Mittelsprosse ist eine dauerhafte, erhebliche Geweihmissbildung und immer auch ein Abschusskriterium. Bei diesem Hirsch sollte kein Rotwildjäger zögern, der auf einen Hirsch der Klasse II (b) jagt.

2__Junger Hirsch vom 3. oder 4. Kopf mit beidseitigen Kronen und für sein Alter beziehungsweise seine Jugend starken Stangen. Der hoch getragene Träger (wenn er auf diesem Foto auch offenbar den Fotografen wahrgenommen hat und die Störung sozusagen »einwerten« will) und der Gesichtsausdruck verraten deutlich seine relative Jugend. Unbedingt schonen: Klasse II (a) beziehungsweise Klasse III (a), falls nur dreijährig.

3__Mindestens mittelalter Hirsch mit zwar genügend langen, aber dünnen Stangen ohne Kronen. Der bereits angedeutete »Zebu-Buckel« ist häufig ein Merkmal zumindest des »ausgehenden Mittelalters«. Bei diesem Hirsch fällt die Entscheidung nicht schwer: Klasse II (b). Eine im Verhältnis zur Augsproße deutlich kürzere Mittelsproße ist im Regelfalle ein Zeichen nicht gerade bester Veranlagung. Die Abschussrichtlinien für die Hirsche basieren nahezu überall auf der Endenzahl und der Endenanordnung. Die Geweihmasse findet kaum irgendwo ihre Berücksichtigung in der Einwertung »schiessen« oder »schonen«. Der dünnstangige Kronenhirsch ist tabu, demgegenüber hat der dickstangige »ewige Achter« kaum die Chance, alt werden zu können. Ab dem 6. Kopf sollte der zu schonende Hirsch mindestens so viele Pfunde Geweihgewicht auf dem Haupte tragen wie er Jahre alt ist.

Die Zahl der Rotwildjäger, die jahrelange praktische Ansprech-Erfahrungen im Rotwildrevier sammeln können, ist verhältnismäßig klein und nimmt gewiss auch weiter ab. Die Folge davon ist eine zunehmende Zahl an Fehlabschüssen (also zu jung erlegter Hirsche), wenn diese denn überhaupt auf den Trophäenschauen präsentiert werden. Ein solcher Aderlass kann eine ganze Rotwildpopulation aus dem biologischen Gleichgewicht bringen. Die »Ahndung« solcher Druckfehler wird sehr unterschiedlich gehandhabt. Es spricht einiges für folgendes Verfahren: Der zu jung erlegte Hirsch muss an der Wand altern. Das bedeutet, dass dem Erleger beziehungsweise dem Revier erst dann wieder ein Hirsch der jeweiligen Klasse freigegeben wird, wenn der zu jung erlegte Hirsch alt genug geworden/gewesen wäre.

1

2

3

1__Dieser Hirsch dürfte so um die acht Jahre alt sein. Hirsche dieser Altersklasse fallen am häufigsten den Fehlansprachen der Jäger zum Opfer: sie haben in aller Regel bereits beeindruckende Geweihe und sind auch im Wildkörper voll ausgewachsen und ausgereift. Ein sicheres, leider fotografisch nicht darstellbares Alterskriterium ist die Art der Bewegung eines noch mittelalten – wie auf diesem Foto – gegenüber einem wirklich alten Hirsch. Ein ständig mit hohem Tempo sich sozusagen elegant bewegender Hirsch ist niemals wirklich alt. Ein alter Hirsch – auch wenn er ein brunftiges Stück treibt – lässt uns seine arthrosebedingten Schmerzen ahnen. Er bewegt sich vorsichtiger und langsamer als sein drei oder vier Jahre jüngerer Rivale. Dieser Hirsch ist jedenfalls eindeutig Klasse II (a).

2__Auch dieser Hirsch dürfte den Zenit seiner Entwicklung noch nicht erreicht haben. Wer sein Alter auf plus-minus acht Jahre schätzt, dürfte richtig liegen. Unterstellt, dass dieses Alter stimmt, dann darf er zwar nicht erlegt werden (beidseitige Kronen), ist aber sicher kein »Hoffnungsträger« für eine Rotwildpopulation. Die Kronenenden der linken Stange sind relativ kurz und auch die Stangen dürften dicker sein. Biologisch zwar verzichtbar, aber dennoch wegen seiner doppelseitigen Kronen: Klasse II (a).

3__Die Auslage eines Hirschgeweihes ist anlagebedingt und verändert sich im Laufe eines Hirschlebens nur wenig. Sie ist jedenfalls niemals ein Abschuss-Kriterium, wenn der Hirsch ansonsten starke Stangen und gute Kronen geschoben hat. Dieser Hirsch ist sicher nicht mehr jung, wenn wohl auch noch nicht »steinalt«. Die Kronenform ist durchaus variabel und kann sich von Jahr zu Jahr ändern, ähnlich wie die Eissprosse, die auch mal in einem Jahr fehlen kann. Die Auslage jedoch wird sich nicht wesentlich verändern. Klasse II (a).

In den meisten Rotwildgebieten fehlen infolge des zu starken Eingriffs in die Mittelklasse die wirklich alten Hirsche. Diese sind aber sehr wichtig – weniger für die Trophäenwände der Jäger, als für einen zeitigen Brunftablauf. Alte Hirsche beschlagen meist im ersten Brunftzyklus der Alttiere bereits erfolgreich, jüngere dagegen erst im zweiten oder dritten Zyklus, also unter Umständen zwei bis drei Wochen später. Entsprechend früh oder eben spät werden die Kälber gesetzt. Je mehr sich die Brunft in einem Rotwildgebiet in den Oktober hinein verlagert, umso sicher kann man sagen, dass es hier keine wirklich alten Hirsche (mehr) gibt.

1

2

3

1 __ So sieht ein wirklich alter Hirsch aus: der knochige Rumpf, der waagerechte gewaltige Träger, die Wamme, das griesgrämige Altersgesicht. Hier gibt es keine Zweifel: dieser Hirsch ist sicher 12 Jahre alt, möglicherweise auch noch älter. Klasse I.

2 __ Dieser Hirsch hat zwar die mittlere Reife, aber noch nicht sein Abitur gemacht. Sieben bis acht Jahre dürfte er alt sein. Soweit auf dem Foto erkennbar, hat er doppelseitige Kronen geschoben, und auch die Geweihmasse liegt für dieses Alter gerade noch im »grünen Bereich«. In einer insgesamt sehr hochwertigen Population möglicherweise verzichtbar, in normalen Rotwildrevieren jedoch tabu, bis er das Zielalter von 10 beziehungsweise 12 Jahren erreicht hat. Klasse II (a).

3 __ Ein sicher sehr alter, dazu auch noch abnormer Hirsch (Pendelstange rechts), der den Zenit seiner Geweihentwicklung sicher überschritten hat und dem Vergreisen sehr nahe ist. Die Feiste hat seinen sonst sicher sehr viel knochiger wirkenden Körper »aufgefüllt«, aber der tief eingesattelte Träger, der Hängebauch und der trockene und beinahe »böse« Gesichtsausdruck dieses Hirsches lassen wohl keinen Zweifel über sein Alter zu. Wer auf einen Hirsch der Klasse I jagt, der sollte einen solchen Hirsch nicht laufen lassen.

1

2

1__Mittelalter, also um die sieben Jahre alter Hirsch mit extrem weiter Auslage. Auch hier gilt: diese weite Auslage wird der Hirsch auch in kommenden Jahren beibehalten, sie ist ererbt und ändert sich im Laufe seines Lebens nur sehr geringfügig. An ihr wird dieser Hirsch in späteren Jahren immer leicht wiederzuerkennen sein. Vielendige Kronen, gute Geweihmasse, daher: Klasse II (a).

2__Der Zahnabschliff hat bei der Altersbestimmung – besonders beim männlichen Rotwild – immer noch eine große Bedeutung, weil eben der Hirsch in sogenannte »Altersklassen« eingeteilt und innerhalb dieser Altersklassen freigegeben und bejagt wird. Neben dem rein optischen Abschliff der Zähne, die natürlich nur eine grobe Schätzung erlauben, wird das tatsächliche Alter von wildbiologischen Instituten u. a. nach verschiedenen Methoden (Ersatzdentin, Zahnschliff) einigermaßen genau ermittelt.
Mit etwa 27 Lebensmonaten ist der Zahnwechsel abgeschlossen, die Zahnformel ist dann

$$\frac{0\,1\,3\,3}{3\,1\,3\,3} = 34$$

Der dritte Molar ist normalerweise dreiteilig ausgebildet. Erst mit etwa 48 Monaten berührt der dritte, also am weitesten zurück liegende Teil dieses »Anhangs« des M 3 seine Widerlage im gegenüber liegenden Kiefernast. Der An- bzw. Abschliff dieses sogenannten »Anhangs« des M 3 erlaubt demnach eine noch relativ zuverlässige Altersbestimmung bis zum etwa 6. Kopf.

Die Bezeichnung »Kopf« entspricht dem Lebensjahr, das der Hirsch vollendet hat.
Ein Brunfthirsch vom 8. Kopf beispielsweise ist also acht Jahre und vier Monate alt.
Das tatsächliche Reifealter des Hirsches, in dem er den Zenit seiner Geweihentwicklung in der Regel erreicht, liegt ungefähr beim 12. Kopf. Das biologisch erreichbare Alter liegt bei etwa 20 Jahren.

1

2

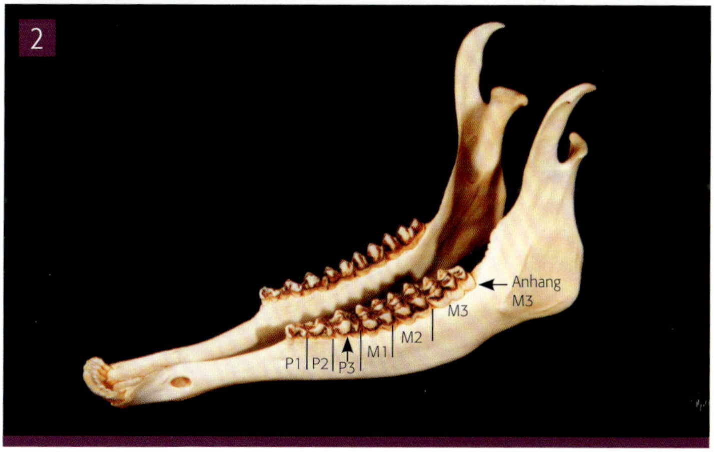

Damwild

Auch dem Damwild begegnen viele Jäger nur auf Bewegungsjagden. Auf solchen ist die zum Ansprechen erforderliche Zeit meist begrenzt. Das Wild erscheint, und der Jäger muss erfassen, was wesentlich ist – führt ein Stück oder führt es nicht, fällt der Hirsch noch in die Dreier-Klasse oder nicht?

1__So erleben wir das Damwild im September: Rechts vorne steht ein sehr starkes Kalb, dahinter (unterschiedlicher Geburtstermin) ein etwas schwächeres. Bei den beiden Teilalbinos handelt es sich um Alttiere. Zwischen ihnen steht ein wildfarbenes Schmaltier. Die Unterscheidung von starken Kälbern und schwächeren Schmaltieren ist in der Praxis nicht immer leicht. Auf diesem Bild sieht man aber beim Kalb gut die Stirnwölbung, die beim Schmaltier längst nicht mehr so ausgeprägt ist. Bei den Alttieren ist die Stirn flach und der Schädel insgesamt länger und breiter.

Ob es sich um männliche oder weibliche Kälber handelt ist – aber nur wenn die Stücke frei stehen – ab September zu erkennen. Bei Hirschkälbern ist dann bereits der Pinsel zu sehen. Im Gegensatz zum Rehwild haben weibliche Stücke jedoch keine Schürzenhaare. Die Rosenstöcke bilden sich beim Hirschkalb erst im Winter aus.

2__Damwild kommt in drei Farbvariationen – wildfarben, schwarz und weiß (Albino) – vor. Das weiße Alttier ist hochträchtig; bei dem schwarzen Stück könnte es sich um ein starkes Schmaltier handeln.

3__Beim Damwild ist alles anders als beim Rotwild: Bei den Kälbern erscheinen die Rosenstöcke erst im Winter, und im März beginnen sie mit der Bildung ihres ersten Geweihs – in der Regel Spieße. Im April wird das Hirschkalb dann zum Schmalspießer, der frühestens im späten Juli, mehrheitlich aber in der ersten Augusthälfte fegt. Dieses Erstlingsgeweih wird rund ein Jahr lang auf dem Haupt getragen und erst Mai (Ende April bis Anfang Juni) des dritten Lebensjahres abgeworfen.

Während beim Rotwild zuerst die älteren Hirsche fegen und dann die jüngeren, ist es beim Damwild genau umgekehrt. Das ist schon deshalb bemerkenswert, weil die älteren Hirsche sogar etwas früher abwerfen als die jüngeren.

1

2

3

1 __ Hirsch, vermutlich vom 2. Kopf, mit eher geringen Stangen und schwachen Schaufelansätzen. In diesem Alter können bereits 60 Prozent der späteren maximalen Stangenlänge erreicht werden.

2 __ Hirsch vom 3. Kopf, an dessen Stangen neben Aug- und Mittelsprosse bereits schaufelartige Verbreiterungen erkennbar sind. Der Drosselkopf (Adamsapfel) ist meist erst bei Hirschen vom 3. Kopf andeutungsweise zu sehen und sitzt recht hoch.

Zwischen dem 3. und 5. Kopf sagt die Stangenstärke wenig über das Alter aus, da sich die Geweihe oft sprungartig entwickeln.

In manchen Gegenden werden die mehrjährigen Damhirsche – je nach Geweihausbildung – als Knieper, Löffler, Halb- und Vollschaufler bezeichnet. Damit wird aber eben nur auf die Geweihbildung und nicht auf das tatsächliche Alter abgehoben. Wir sollten dieses, analog zum Rotwild, weiterhin mit »Kopf« bezeichnen.

Die Hirsche vom 1. Kopf (Spießer) stehen in der Regel noch beim Kahlwild. Mit dem 2. Kopf scheiden sich die Geister. Einzelne Hirsche bleiben noch bei ihren Familien, andere finden sich bereits in Junghirschrudeln. In der Brunft müssen sie noch Distanz zum Kahlwild wahren und halten sich daher abseits auf.

Hirsche dieser Altersstufe vereinigen sich meist in kopfstarken Rudeln aus jüngeren und mittelalten Hirschen. Zur Brunft lösen sich diese Rudel auf, die jüngeren Hirsche versuchen zwar an der Brunft teilzunehmen, halten sich aber am Rande des Geschehens auf.

Die eigentlich mittelalten Hirsche, so vom 4. bis 6. Kopf, nehmen bereits aktiv an der Brunft teil. Außerhalb der Brunft vereinigen sie sich in Hirschrudeln.

Ältere Hirsche meiden die großen Rudel eher. Sie stehen in der Feistzeit gerne alleine oder lassen sich nur von ein oder zwei jungen Hirschen (Sekundanten) begleiten. Der wirklich alte Hirsch verzichtet auch darauf.

Die Vergesellschaftung gibt uns also recht brauchbare Hinweise auf die Altersklasse, in die wir einen Hirsch einzuordnen haben, auch wenn es uns nicht möglich ist, sein Alter exakt zu bestimmen.

1

2

1__Schwarzer, mittelalter Hirsch mit schwacher Schaufelbildung. Der Träger ist nicht mehr ganz dünn. Der Drosselkopf drückt schon stark durch und sitzt tief. Die Schaufeln sind jedoch schwach. Aus dem momentanen Bildwinkel des Fotographen sieht es zwar so aus, als verschiebe sich die Körpermasse bereits stark nach vorne, das täuscht aber. Wirklich alt ist der Hirsch auf keinen Fall.

2__Jüngere Hirsche (vermutlich vom 3. Kopf). Beim linken Hirsch ist gut zu erkennen, dass der Korpus noch ein Rechteck bildet. Beide haben relativ dünne Träger. Der Drosselkopf ist in dieser Haltung nicht zu sehen. Die Geweihentwicklung sagt beim mehrjährigen Damhirsch nicht sehr viel über das tatsächliche Alter aus. Ziemlich sicher lässt sich der Hirsch vom 1. Kopf erkennen. Die Frage 2. oder 3. Kopf ist für den auch noch zu entscheiden, der mit dem jeweiligen Bestand vertraut ist, ansonsten kann es schon kritisch werden. Schwierig ist es bei Hirschen zwischen dem 4. und 7. Kopf. Wirklich alte Hirsche haben hingegen charakteristische Merkmale, doch genügen diese auch nicht, um das Alter mit Sicherheit auf ein oder zwei Jahre genau zu bestimmen.

Für die Praxis reicht aus, wenn wir junge (1. bis 3. Kopf), mittelalte (4. bis 7. Kopf) und alte Hirsche (ab dem 8. Kopf) unterscheiden können.

3__Auch dieser Hirsch ist wahrscheinlich vom 3., höchstens vom 4. Kopf. Die Schaufelbildung ist zwar relativ gering, aber die Stangen haben schon eine gewisse Stärke. In diesem Alter werden oft schon 50 Prozent der späteren maximalen Geweihmasse erreicht.

Die beiden Schaufeln sind tief eingeschlitzt (Hafen). Nach manchen Abschussrichtlinien sollte der Hirsch daher geschossen werden. Solche Kriterien orientieren sich aber einzig an unseren Vorstellungen von einer »edlen Trophäe«; biologisch gesehen sind sie natürlich unsinnig.

Unter halbwegs natürlichen Verhältnissen wären erwachsene Albinos sicher selten. Auf Grund ihrer Auffälligkeit würden sie bevorzugt von Wölfen gerissen.

1

2

3

1__Mittelalter Hirsch mit schweißigem, eben erst gefegtem Geweih. Die Augsprossen haben schon eine gewisse Länge. Die Mittelsprossen sind noch relativ kurz. Aber die Schaufeln sind bereits gut. Es scheint, als hätte der Hirsch auch schon einen leichten Senkrücken. Der Drosselkopf (Adamsapfel) tritt zwar bereits deutlich in Erscheinung, bei einem wirklich alten Hirsch fällt er aber viel stärker auf.

Früher galt – analog zum Rothirsch – die Biegung der Augsprossen als Altershinweis. Junge Hirsche hatten demnach flach gebogene Augsprossen, während sie bei alten Hirschen einen rechten Winkel bilden sollten. Heute geht man davon aus, dass die Biegung der Augsprossen eher ein persönliches Merkmal des Damhirsches ist, das wenig mit dem Alter zu tun hat.

Wir müssen nicht herumdeuteln, ob dieser Hirsch nun vom 4., 5. oder vom 6. Kopf ist – es gibt ohnehin keinen Grund, ihn zu schießen.

2__Vermutlich ein Hirsch im gehobenen Mittelalter, der etwas nach oben blendet. Der Träger wirkt bereits massig. Die Schaufeln sind schon stark, aber im unteren Teil deutlich breiter als oben. Bei wirklich alten Hirschen sind sie – häufig – im oberen Drittel am breitesten. Aug- und Mittelsprossen sind stark ausgebildet. Der Hirsch müsste sich drehen, damit wir ihn wirklich ansprechen können.

3__Feisthirsche, die alle noch älter werden dürfen! Den Weißen sollten wir uns vielleicht etwas genauer ansehen. Der Hirsch ganz links hat übrigens in seiner linken Stange ein kleines Eisend.

In Feisthirschrudeln können alle Altersstufen vertreten sein.

1

2

3

1__Alttier mit starkem Wildkalb im Herbst. Das Geschlecht ist bei den Kälbern relativ schwer zu erkennen.

Beim Hirschkalb ist selten vor Mitte Oktober der Pinsel zu erkennen. Bis dahin verrät uns nur die Körperstellung beim Nässen das Geschlecht. Meist im Dezember erscheinen die Rosenstöcke, doch muss man anfangs schon genau hinsehen und gutes Licht haben, um sie zu erkennen.

Bei Wildkälbern bildet die Schädeldecke zwischen den Lauschern einen »Hügel«. Beim Hirschkalb entstehen zwei Höcker (die Rosenstöcke) und dazwischen eine »Rinne«.

2__Alter, reifer Schaufler. Die Bauch/Brust-Linie fällt stark nach vorne ab. Der Hirsch erscheint (durch seinen massigen Rumpf) kurzläufig. Der Träger ist massig. Man hat den Eindruck, der Hirsch könnte nach vorne abkippen. Das Geweih hat lange Aug- und Mittelsprossen und bildet fast ein Rechteck. Die Schaufeln sind oben sehr breit.

Bei alten Damhirschen scheinen die Vorderläufe fast unter der Mitte des gesamten Wildkörpers zu stehen, allerdings müssen wir hier immer unseren Blickwinkel mit in Ansatz bringen. Außerdem beginnt die Verlagerung der Körpermasse vor die Vorderläufe bereits so um den 6. Kopf herum, und da ist der Hirsch noch keineswegs »alt«.

Mit zunehmendem Alter zeichnet sich der Widerrist deutlicher ab, der Rücken senkt sich durch, ein Spitzbauch bildet sich. Letztere verschwinden aber im Laufe der Brunft wieder, weil die Hirsche in dieser Zeit kaum Nahrung aufnehmen und stark Gewicht abbauen. Der Träger senkt sich ab, wird stark und seine Decke oft faltig.

Doch aufgepasst! Wenn man bei einem Hirsch erst nach Altersmerkmalen suchen und diese addieren muss, erweist er sich später häufig als jünger. Der wirklich alte, reife Damhirsch fällt einem sozusagen ins Auge – er überzeugt!

1

2

1__Kleines Kahlwildrudel. Eine Situation wie wir sie draußen oft erleben. Das Wild hat uns bereits mitbekommen und wird gleich flüchtig; was tun wir? Ganz rechts steht ein Schmaltier, das können wir bedenkenlos erlegen. Dahinter steht ein schwarzes Alttier. Das Stück ganz links scheint ebenfalls ein Schmaltier zu sein, gefolgt von einem wildfarbenen Alttier und hinter diesem (halb verdeckt) ein Wildkalb.

2__Eine ganz typische Situation: Das Damwild hat die Gefahr bemerkt, ist sich aber noch nicht schlüssig und drängt auf einen Pulk zusammen. So fällt es dem Betrachter nicht leicht, die einzelnen Stücke sauber anzusprechen, und noch schwieriger ist es meist, einem als abschusswürdig erkannten Stück die Kugel anzutragen, ohne daneben oder dahinter stehende Stücke durch Geschosssplitter zu gefährden.

Rechts vorne äugt uns ein Schmalspießer an, der zu erlegen wäre – stünde er frei. Ganz links im Bild, spitz zu uns stehend, erkennen wir ein Kalb – nur drehen müsste es sich. Das Alttier rechts daneben (mit Haupt nach links) scheint schon einen Entschluss gefasst zu haben und könnte jeden Moment das Rudel mitnehmen.

Zahnabschliff ungenau

Wie beim Rotwild, so wird auch am erlegten Damwild versucht, das Alter über den Abschliff der Backenzähne im Unterkiefer festzustellen. Dies gelingt allerdings nur mit Einschränkung. Fertig ist das Dauergebiss mit 24 bis 26 Monaten, wobei der bereits im Milchgebiss vorhandene P 1 als letzter gewechselt wird. Der praktische Wert des Zahnwechsels für die Altersbestimmung ist bescheiden, das sich nur zwischen Jährlingen und älteren Hirschen differenzieren lässt. Dies gelingt aber bereits am lebenden Stück ohne sonderliche Mühe.

$$\frac{0\ (1)\ 3\ 3}{3\ \ 1\ \ 3\ 3} = 32\ (34)$$

1

2

Rehwild

Dass man das Alter erwachsener Rehe nicht sicher bestimmen kann, hat sich inzwischen wohl herumgesprochen. Im Herbst ist es schon schwer und keineswegs immer möglich, die Alt- von der Schmalgeiß zu unterscheiden. Und auf den Bewegungsjagden können wir uns nicht darauf verlassen, dass Geiß und Kitz gemeinsam anwechseln.

1__Bei den Bockkitzen sind die Stirnzapfen auch ohne Spektiv zu sehen. Durch sie erscheint – auch bei den erwachsenen Böcken, die abgeworfen haben – die Stirn steiler als bei den weiblichen Stücken.

2__Je nach Abwurfdatum haben die mehrjährigen Böcke bereits Ende Februar fertig geschoben. Mit zunehmendem Tageslicht erhöht sich der Testosteronspiegel (männliches Geschlechtshormon). Dadurch wird das Geweihwachstum gestoppt und die Verkalkung gefördert.

3__Das Abstreifen der Basthaut wird in längstens einer halben Stunde bewältigt, aber einzelne Bastfetzen hängen manchmal noch Tage an den Stangen. Unmittelbar nach dem Fegen sind die Stangen oft noch schweißig, ansonsten aber fast weiß und rau. Erst durch Oxidation und die Einlagerung von Pflanzensäften erhalten sie ihre Farbe.

1

2

3

1 __ Es ist April, der erste Löwenzahn blüht. Noch sind die meisten Rehe grau, aber die Geiß ganz rechts und der Jährling (zweiter von links) befinden sich schon voll im Haarwechsel und wirken daher sehr ruppig. Bemerkenswert ist, dass keineswegs das jüngste Stück des kleinen Sprungs mit dem Haarwechsel am weitesten fortgeschritten ist, wie wir das immer noch in Lehrbüchern lesen. Und um die Verwirrung komplett zu machen, handelt es sich auch noch um eine trächtige Geiß; diese müsste eigentlich zuletzt verfärben.

Bei dem Stück hinter ihr (vermutlich ihr Kitz aus dem Vorjahr) und bei dem Bock ganz links wirken die Decken stumpf; der Glanz der Winterdecken fehlt ihnen – ebenfalls Zeichen des bereits in Gang befindlichen Wachsens der Sommerhaare unterm nun verbrauchten Winterhaar. In der Regel fallen die Winterhaare zuerst am Haupt aus und dann am Träger. Sie tun dies büschelweise, was an dem Jährling gut zu erkennen ist.

Dass die Rehe auch noch nicht alle Regeln gelesen haben beweist die Geiß. An Träger, Stich, auf den Blättern und Keulen ist sie noch grau, ihre Bauchdecke hingegen schon voll rot. Ginge es nach der Literatur, müsste es genau umgekehrt sein! Um die Verwirrung nicht komplett zu machen sei gesagt, dass gesunde Jährlinge – in der Regel – vor den mehrjährigen Rehen durchfärben.

2 __ Hier vertreibt mit bereits verfegtem Geweih der »Revierinhaber« einen wahrscheinlich noch revierlosen jüngeren Bock – vermutlich einen Zweijährigen. Die unterschiedliche Fegezeit sagt weniger über das grobe Alter aus als das Verhalten. Wenn der Jäger etwas Bescheid wissen will, dann muss er jetzt ständig draußen sein und sich Notizen machen.

1

2

1__Bei diesem Reh gibt es kaum Zweifel: Ein Schmalreh, Haupt und Träger tragen schon das rote Sommerhaar. Auf größere Entfernung oder bei ungünstigen Umständen mag sich die Frage stellen: Schmalreh oder vielleicht doch ein Knopfbock? Aber die Körperhaltung beim Nässen beseitigt dann rasch jeden Zweifel. Weibliche Rehe nässen, in dem sie hinten »abknicken«. Die Hinterläufe werden nach außen gestellt, wobei die Wadenbeine waagrecht gehalten werden. Männliche Rehe halten den Rücken durchgedrückt und die Wadenbeine zeigen nach unten (siehe Seite 83 u.).

2__Zu Beginn der Schusszeit wirken die Schmalrehe – auch wenn sie im Rahmen groß sind – alle noch zierlich und schmal, denn sie haben während des Winters – auch wenn gefüttert wurde! – ihre im Herbst angesammelten Feistreserven abgebaut. Sie erscheinen dadurch schwächer als die jetzt »pummelig« werdenden Geißen. Auf den Färbezustand darf sich der Jäger jedoch nicht verlassen. Zwar werden gesunde Schmalrehe vor den Geißen rot. Kränkelnde oder stark mit Parasiten belastete Schmalrehe färben aber nicht selten sogar später als mehrjährige Geißen. Umgekehrt kann eine Geiß, die im letzten Sommer nicht aufgenommen oder ihren Fötus wieder verloren hat, früher rot sein als ein von Parasiten befallenes Schmalreh.

Biologisch, wie aus der Sicht des Tierschutzes wäre es zwar völlig unbedenklich, wenn auch im Sommer neben Schmalrehen nicht führende Geißen geschossen würden. Gegenwärtig verbieten dies die deutschen Jagdgesetze, während in einigen österreichischen Bundesländern Geißen (und Kitze) bereits ab 1. Juni erlegt werden dürfen.

3__Schon etwa sechs Wochen vor dem Setzen ist die trächtige Geiß auch für den wenig geübten Jäger problemlos zu erkennen. Sie wird »breit« und ihr Bauch senkt sich ab.

1

2

3

1__Nach dem Setzen fällt die Geiß in den Weichen deutlich ein; es zeichnet sich unterhalb des Rückens und vor den Keulen ein Dreieck ab. Mit der Zeit verliert sich dieses Merkmal. Die durch den Setzakt etwas groß gewordene Bauchdecke strafft sich wieder. Bei der Geiß auf dem Bild ist eindeutig das nicht mehr sehr pralle Gesäuge erkennbar. Es kann aber auch sein, dass bei einer Geiß die Spinne nicht sichtbar ist, obwohl sie stark eingefallene Flanken hat – nämlich dann, wenn das Kitz verloren ging und die Milchproduktion versiegt.

Auf alle Fälle handelt es sich bei den eingefallenen Flanken um »Warndreiecke«, die wir nicht übersehen oder ignorieren dürfen.

Gegen Ende Mai oder, je nach Höhenlage, zumindest Anfang Juni ist die Vegetation in Wald und Feld bereits so hoch aufgewachsen, dass uns ein klärender Blick zwischen die Keulen immer seltener gestattet wird. Jetzt ist besondere Vorsicht geboten, und der verantwortungsbewusste Jäger stellt die Jagd auf Schmalrehe spätestens ab der zweiten Juniwoche ein.

2__Während des am Haupt beginnenden Färbens sehen die Rehe besonders ruppig aus, und die nach dem Setzen eingefallenen Flanken der Geißen sind dann manchmal nur schwer zu erkennen.

Dieses Stück könnte ein leichtfertiger Jäger als Schmalreh ansprechen, es handelt sich aber zweifelsfrei um eine Geiß. Das Bild macht deutlich, dass sich der Färbezeitpunkt nicht nur an der Verfassung des einzelnen Tieres orientiert, sondern – witterungsbedingt – auch von Jahr zu Jahr stark schwanken kann. Es zeigt nämlich jene Geiß, der wir schon auf Seite 59 unten begegnet sind. Im Jahr der ersten Aufnahme hatte sie bereits vor dem Setzen voll durchgefärbt. Natürlich haben Geißen auch keine festen Setztermine!

1

2

1 __Insgesamt erscheinen die Geißen nach dem Setzen graziöser. Sie haben zunächst Gewicht und ihre Plumpheit verloren, während gleichzeitig die Schmalrehe Gewicht zulegen. Damit gleichen sich beide in ihrer optischen Erscheinung etwas an.

Die Kitze werden über einen Zeitraum von zumindest sechs Wochen geboren. Ganz unterschiedlich ist ihr Entwicklungszustand. In den ersten drei Wochen liegen sie die meiste Zeit ab. Der Ablegeort wird nicht von der Geiß sondern vom Kitz bestimmt! Zwillings- oder Drillingskitze liegen nicht gemeinsam sondern getrennt ab. Hat die Geiß die Kitze gesäugt und zieht langsam, folgen ihr diese. Will sie sie loswerden oder droht Gefahr, macht die Geiß einige schnelle Fluchten und die Kitze gehen in »Downlage«. Für die Wahl des Ablegeortes scheint Beschattung (überhängendes Gras) wichtiger als die Dichte des Bewuchses.

Geiß und Kitz kennen sich anfangs nicht »persönlich«. Die Prägung erfolgt erst allmählich. Anfangs saugen Kitze – wenn sich die Gelegenheit bietet – auch bei fremden Geißen und diese akzeptieren fremde Kitze, solange sie nicht auf eigene Kitze geprägt sind.

2 __Familienleben unter Einbeziehung erwachsener Böcke gibt es kaum, aber gelegentlich gesellt sich ein Jährling (vorjähriges Bockkitz) zur Mutterfamilie. Dieser Jährling ist im Rahmen schon so groß wie seine (vermutliche) Mutter. Sein Träger (in dieser Körperhaltung gut erkennbar) ist noch auffallend dünn. Wenn er ihn aufrecht tragen würde, wäre das nicht ganz so gut erkennbar.

Das Alter der Kitze ist grob an der Fleckung einzuschätzen, deren Aufgabe es ist, das Tier beim Abliegen zu tarnen. Sie verschwindet, sobald das regelmäßige Ablegen nicht mehr überlebenswichtig ist – so ab der vierten/fünften Lebenswoche.

1

2

1__So stellen sich viele Jäger den typischen Jährling vor – als Knopfbock. Und so wird er – ohne Spektiv – auch häufig als Schmalreh angeschaut. Die meisten Knopfböcke gibt es dort, wo wenig Bockkitze erlegt und Jährlinge mit mehr als Spießen zwischen den Lauschern geschont werden! Zweijährige »Knopfer« sind die ganz seltene Ausnahme.

Dieser Knopfer gehört weg – aber nicht wegen »schlechter Veranlagung«, sondern weil er ein Zeichen für eine den jeweiligen Lebensverhältnissen nicht angepasste Wilddichte ist und weil es Unfug wäre, ihn laufen zu lassen und an seiner Stelle einen Stärkeren zu schießen.

2__Auch bei diesem Bock, der ein richtiges Kitzgesicht hat, handelt es sich höchstwahrscheinlich um einen Jährling, auch wenn er recht hohe Stangen trägt, die überdies mit Dachrosen ausgestattet sind. Aber die alte Weisheit, wonach Jährlinge gar keine Rosen, jüngere und mittelalte Böcke Kranzrosen und nur alte Böcke Dachrosen haben, stimmt einfach nicht. Rosenform ist viel mehr Veranlagungssache (im Gegenteil zu Geweihgewicht und -volumen). Nur unterdurchschnittlich entwickelte Jährlinge (Knopfböcke und sehr geringe Spießer) haben keine Rosen.

3__Noch ein Jährling zum Vergleich: Man beachte die völlig unterschiedliche Gesichtszeichnung und -färbung. Auch er hat Dachrosen und ganz gut geperlte und vereckte Stangen. Gut entwickelte Jährlinge können Stangengewichte bis 200 Gramm aufweisen und werden dann meist als mehrjährige Böcke angesprochen. In ordentlich bejagten Revieren sind Jährlingsspießer eher die Ausnahme, Gabler und Sechser hingegen die Regel!

1

2

3

1__Ein starker Bock – gewiss! Aber wie alt wird er sein? Wir wissen es nicht und es gibt keine verlässlichen Merkmale, an Hand derer das Alter auf wenigstens zwei oder drei Jahre genau bestimmt werden könnte.

Aber eines erkennen wir ganz sicher: Er hat jetzt im Mai sein Kurzwildbret schon tief abgesenkt, und durch die Dehnung erscheint der Hodensack weißlich. Dieses Merkmal haben jetzt nur die territorialen Böcke. Er wird uns also bleiben, weil er hier wohnt. Und seine einmal erkämpfte Wohnung gibt ein Bock ohne Zwang nicht so schnell auf – auch wenn wir ihn längere Zeit nicht sehen. Von markierten und/oder telemetrierten Böcken wissen wir, dass sie durchaus ein, zwei Jahre verschollen erscheinen können, ohne wirklich abwesend zu sein.

Böcke ohne eigenes Revier tragen ihr Kurzwildbret jetzt noch hoch zwischen den Keulen, und der zusammengezogene Hodensack erscheint rot wie das umgebende Haar. Im Laufe des Junis – unter verstärkter Produktion des Geschlechtshormones Testosteron – ändert sich das. Kurz vor Beginn der Brunft senken selbst die stärkeren Jährlinge ihr Kurzwildbret ab.

Doch Achtung: Auch territoriale Böcke können ihre Skroten (Kurzwildbret) wieder hoch ziehen und verbergen, nämlich dann, wenn sie (warum auch immer) ein fremdes Revier durchqueren!

2__Hier handelt es sich bestimmt um einen mehrjährigen Bock, aber ob er nun erst drei- oder schon fünfjährig ist, wissen wir absolut nicht. Im Schnitt wird der Höhepunkt der Geweihentwicklung im fünften oder sechsten Lebensjahr erreicht (vier- oder fünfjähriger Bock). Die größte Gewichtszunahme erfolgt vom Jährling zum Zweijährigen. In »Weichselboden« (Herzog Albrecht von Bayern) betrug der Zuwachs an Geweihgewicht vom zweiten zum dritten Geweih im Schnitt aller Untersuchten nicht einmal zehn Gramm. Das Gehörn sagt also wenig über das Alter eines Bockes aus.

Auch die Trägerstärke ist so eine Sache, bei der die »Persönlichkeit« und die »persönlichen Lebensumstände« eine größere Rolle spielen als das Alter. Bedenken wir, dass im selben Revier ein Jahrling bereits 22 Kilogramm aufgebrochen wiegen kann, während alte Böcke nur 16 Kilogramm und sogar weniger auf die Waage bringen. Überdies bestehen große Unterschiede in der Decke (Haarlänge und Färbung), die sich optisch ganz unterschiedlich auswirken können.

1

2

1__Die Tatsache, dass dieser Bock (ganz sicher ein Mehrjähriger) zu Beginn der Schusszeit noch nicht verfärbt hat, sagt wenig über sein Alter aus. Er trägt starke Stangen, zu deren Aufbau er Energie abzweigen musste, die ihm beim Haarwechsel fehlt. Sein Haupt ist relativ schmal, was aber kein sicheres Indiz für seine Jugend ist. Er trägt Kranzrosen, was – wie weiter oben schon erwähnt – ebenfalls denkbar wenig besagt. Sein verzögerter Haarwechsel kann viele Ursachen haben, die wir nicht unbedingt erkennen müssen. Es können Parasiten sein oder innere Verletzungen oder schlicht Infekte.

2__Bei diesem »Herrn« spricht der erste Eindruck (der meist der am zutreffendsten ist) für die nahe »Pensionierung«. Sein Gesicht ist eisgrau (was aber auch bei jungen Böcken vorkommt). Seine Stangen haben Dachrosen (was selbst bei Jährlingen vorkommt). Und sein Träger erscheint relativ stark (was mit seiner persönlichen Veranlagung und dem Ernährungszustand zu tun haben kann). Wir sehen, (wahrscheinlich unberechtigte) Zweifel am Alter kommen erst, wenn wir die einzelnen »Altersmerkmale« summieren.

Unterscheiden lassen sich halbwegs sicher die Jährlinge von den Mehrjährigen. Innerhalb der letztgenannten Gruppe lässt sich nur spekulieren: »Vermutlich ist er bereits älter« oder »Vermutlich gehört er zu den Jüngeren«. Es bleibt dem Jäger unbenommen, nach einem alten Rehbock zu trachten, aber weder ändert sich der Altersdurchschnitt, wenn er statt eines Sechs- einen Dreijährigen erlegt, noch geht dadurch »züchterisch« irgend etwas in die Brüche!

1

2

1__Dieser Bock hat ein eisgraues Gesicht und überdies 21 cm hohe (dünne) Stangen mit (kleinen) Dachrosen. Aber der Zahnwechsel wies ihn unstrittig als Jährling aus. Auch sein Wildbretgewicht – 21 Kilogramm aufgebrochen – war nicht gerade typisch für einen Jährling. Einzig die dünnen Stangen hätten den Erleger misstrauisch machen müssen. Ein älterer Bock hätte wahrscheinlich – bei gleichem Stangengewicht und -volumen – weniger vereckt, niedriger und dafür knuffiger geschoben.

Auf der Trophäenschau wurde übrigens der Original-Unterkiefer als falsch moniert; keiner der Experten war bereit, das Geweih einem Jährling zuzuordnen.

2__Dieses »Böckerl« dürfte noch sehr jung sein. Drei Jahre wird es kaum auf dem Ziemer haben. Die ganze Figur erscheint hochläufig und schmal, der Träger noch lang – fast wie von einem Jährling. Das Haupt passt nicht zum Jährling, das Kurzwildbret ist aber noch hochgezogen. Es könnte sich um einen revierlosen Zweijährigen handeln. Wenn wir ihm schnell eine »Wohnung« frei machen, bleibt er uns vielleicht.

3__Auch dieser Bock hat ein eisgraues Gesicht, sein Gesichtsausdruck wirkt alt und »mürrisch«. Er war im Wildbret zudem schwer und hatte einen starken Träger. Aber wirklich alt war er trotzdem nicht – nach dem Unterkiefer höchstens dreijährig.

Die Gesichtsfärbung der Böcke ist eben (das hat Herzog Albrecht von Bayern in Weichselboden eindrücklich nachgewiesen) individuell verschieden und nur sehr bedingt altersabhängig. Die Kranzrosen stehen übrigens im Widerspruch zum grauen Gesicht.

Eine Tendenz wollen wir trotzdem gelten lassen: Wirklich alte Böcke haben häufiger graue Gesichter als junge Böcke. Nur zum »Ansprechen« ist dieses Merkmal wenig hilfreich.

4__Der hier hat ein ganz buntes Gesicht, und viele Jungjäger müssen immer noch lernen, dies sei ein sicheres Zeichen von Jugend. Dreijährig kann der Bock übrigens nach alter Auffassung auch nicht sein, sonst müsste er ja noch einen Muffelfleck haben. Tatsächlich aber waren seine Backenzähne im Unterkiefer fast bis aufs Zahnfleisch abgeschliffen – also sehr alt?

Wie wir noch sehen werden, steht allerdings auch die Unterkiefertheorie auf sehr, sehr wackeligen Beinen.

1
2
3
4

1__Auch dieser Bock hat ein buntes Gesicht, scheint aber dennoch nicht mehr ganz jung zu sein. Sein Gesichtsausdruck (nur bei gutem Licht und auf nahe Entfernung zu erkennen!) wirkt irgendwie alt und müde; der Träger hat Falten. Seine Stirnlocken scheinen relativ lang (was aber täuschen kann); junge Böcke haben eher selten starke Stirnlocken. Wenn er uns am Abend, zwanzig Minuten vor Ende des Büchsenlichtes auf mehr als fünfzig Meter begegnet, erkennen wir diese (ohnehin unsicheren) Details nicht mehr.

Im Zweifel würde ich ihn auf alle Fälle schießen oder schießen lassen, denn vermutlich ist er älter als drei Jahre und wird nicht mehr viel zulegen – mehr wissen wir nicht.

2__Auch bei dem lässt sich nur sagen, dass er mehrjährig ist. Vielfach wird von Jägern und in der Literatur das Verhalten als Altershinweis angeführt. Besonders »heimlich« sind aber eher die noch revierlosen Zweijährigen, die zwangsweise ein Nischendasein führen und überall von den Revierbesitzern gejagt werden. Ob wir ältere Böcke sehen, das hängt weniger von ihrem Alter als von den Lebensumständen ab. Gerade in stark sturmgeschädigten Revieren mit großen Verjüngungsflächen oder in naturnahe bewirtschafteten Waldungen, mit fast flächendeckender Naturverjüngung bewegen sich Böcke mit eigenem Wohngebiet vor der Brunft (Feistzeit) äußerst wenig. Sie haben einfach keine Veranlassung dazu, weil sich Äsung und Deckung auf engstem Raum vermischen. Richtig ist jedoch, dass Rehe mit zunehmendem Alter Erfahrungen im Umgang mit dem Jäger gewinnen. Je intensiver (oder unqualifizierter!) gejagt wird, umso heimlicher sind allgemein die Rehe.

3__Bei diesem Mehrjährigen fällt die dunkle Farbe der Decke auf (Sommerdecken gibt es von semmelgelb bis tief hirschrot), die allerdings mit dem Alter überhaupt nichts zu tun hat. Der Bock hat eine helle Maske und einen ausgeprägten Muffelfleck, Merkmale, die nicht viel sagen. Aber das noch schmale Haupt mag nicht so recht zu einem wirklich alten Bock passen. Er könnte erst dreijährig sein, aber wissen tun wir gar nichts!

Übrigens: Man kann nicht jedes Jahr am selben Platz einen »alten Bock« ernten wollen, weil in der Regel nur Zweijährige in den freigewordenen Wohnraum nachrücken. Das ist eine brauchbare und durchaus wichtige »Ansprechregel«!

1

2

3

1__Bei dieser Geiß ist die Spinne längst nicht mehr zu erkennen, weshalb sie schnell als »nicht führend« abgestempelt wird. Tatsächlich aber geht die Milchproduktion bereits mit dem neuerlichen Eisprung während der Brunftzeit drastisch zurück. Ob eine Geiß führt oder nicht, lässt sich mit Sicherheit erst nach der Erlegung sagen!

Typisch ist der »keilförmige« Schädel, doch ist jetzt im Herbst die Unterscheidung nach der Schädelform für den Gelegenheitsjäger äußerst schwierig und unzuverlässig.

Dass diese Geiß noch rot ist, sagt nichts über ihr Alter aus. Möglicherweise führt sie zwei Kitze und verfügt daher nicht über genug Reserven, um frühzeitig und schnell zu färben.

Interessant ist der halbseitig aufgeklappte Spiegel. Im Sommerhaar hebt sich der Spiegel – anders als im Winterhaar – farblich kaum von der umgebenden Decke ab. Nur wenn die Haare im Erregungszustand aufgeklappt werden, erscheint der Spiegel weiß.

2__Bei diesen Kitzen im September sind die Jugendflecken bereits verschwunden. Beim Ansprechen von Kitzen hinsichtlich Gewicht und Decke müssen wir die unterschiedlichen Setztermine bedenken. Ein schwach erscheinendes Kitz wurde eventuell nur später gesetzt, kann aber bezogen auf sein tatsächliches Lebensalter durchaus normal entwickelt sein. Spät geborene Kitze nehmen aber länger stark zu als früh geborene.

Das Reh ganz links scheint ein Schmalreh zu sein. Käme es uns jetzt einzeln (ohne Vergleichsmöglichkeit) und vielleicht noch in »bauchhohe« Vegetation, hätten wir bereits Mühe mit dem Ansprechen. Zum »Lotteriespiel« wird die Unterscheidung von Schmalreh und Geiß in der Zeit, in der im September die meisten Schüsse fallen – kurz vor Ende des Büchsenlichtes.

Kitze bummeln jetzt bereits längere Zeit alleine umeinander. Sie erscheinen mitunter alleine auf der Äsungsfläche (der böse Nachbar hat die Geiß geschossen ...) oder die Geiß erscheint lange vor den Kitzen (und wird dann schnell als nichtführend erlegt ...). Insgesamt ist aber jetzt die Mutter-Kind-Bindung noch relativ hoch, im Frühwinter und Winter nicht mehr. Das sollten wir nutzen.

1

2

1__Geiß (links und noch leicht rot) mit zwei Kitzen (fast durchgefärbt) auf der Stoppel. Auf den ersten Blick erscheinen alle drei nahezu gleich stark. Wenn die Kitze bei schwachem Licht alleine kämen, wäre es sicher schwer, sie richtig anzusprechen.

Wie aber will der Jäger sagen, welches der beiden Zwillingskitze 500 Gramm schwerer oder leichter ist? Wie will der Jäger entscheiden, ob die Geiß zwei-, drei oder fünfjährig ist?

Wer kann sagen, wie schwer die Geiß ist? Niemand!

2__Ende September erscheinen auch die führenden Geißen im vollen, grauen Winterhaar. Die Böcke haben schon im Hochsommer ihre Territorialität aufgegeben und vergesellschaften sich mit anderen Rehen beiderlei Geschlechts.

Das Geschlecht der Kitze ist bei Rehen – anders als bei Rotwild! – schon frühzeitig zu erkennen. Jetzt im Winterhaar fällt die orangefarbene, deutlich aus dem weißen Spiegelhaar herausstehende Schürze besonders auf. Bei den Bockkitzen fehlt sie, dafür ist problemlos der Pinsel zu erkennen. Bei diesem Geißkitz täuschen zwei helle Punkte auf der Stirn kleine Rosenstöcke vor. Auch die dahinter stehende Mutter zeigt diese Punkte.

Wenn ein solches Kitz im letzten Büchsenlicht und auf gewisse Entfernung alleine kommt, wird es nicht selten als Schmalreh oder gar Geiß angesprochen. Auch die weißen Drosselflecke können beim Kitz schon vorhanden sein. Der Schädel hat seine ursprünglich vorhandene Stirnwölbung (die dem Kitz ein kindliches Aussehen gab) weitgehend verloren und wurde proportional länger (geißenhaft).

Beim noch aufhabenden Bock erkennen wir deutlich den Pinsel.

1

2

1 __ Jetzt im Winterhaar, Ende September/Anfang Oktober, ist das Alter eines mehrjährigen Bockes noch schwerer festzustellen als in der roten (kurzen) Sommerdecke. Die revierbesitzenden Böcke haben in der Brunft deutlich an Gewicht verloren, die revierlosen konnten eher zulegen und haben sich ausgewachsen. Die vorher variable Gesichtsfärbung wich einem »Einheitsgrau«.

Individuell erkennbar sind Rehe hingegen (wenn auch mit Einschränkung) an der Form der schwarzen Muffel. In der Praxis hilft das aber kaum weiter, weil wir die Muffel selten bei gutem Licht, auf nächste Distanz und in der erforderlichen Ruhe anschauen und festhalten können.

2 __ Er hat bereits eine Stange verloren, die andere wird in den nächsten Tagen fallen. Die ersten mehrjährigen Böcke werfen so Mitte Oktober ab; im Dezember sieht man nur noch selten einen aufhabenden Mehrjährigen. Eine exakte Graduierung fehlt. So kann ein Dreijähriger durchaus früher abwerfen als eine Fünfjähriger. Aber jagdpraktisch ist das ohnehin nicht relevant.

3 __ Die Frage männlich oder weiblich ist mit Blick auf den Spiegel leicht zu beantworten – auch wenn das Haupt verdeckt bleibt. Aber dass weibliche Rehe im Winter einen herzförmigen und männliche einen nierenförmigen Spiegel haben, stimmt so nicht. Die Spiegelform ist variabel. Der Spiegel des nebenstehenden Bockes hat sicher keine »Nierenform« und jener der Geiß keine klassische Herzform. Aber nie zu übersehen – von der Seite wie von hinten – ist beim weiblichen Stück die farblich abgesetzte Schürze!

Im Erregungszustand (wenn Rehe misstrauisch sind) oder beim Lösen werden die Spiegelhaare aufgestellt (Gänsehaut-Effekt), wodurch sich die Form verändert. Der Bock beispielsweise hat seinen kurzen Wedel hochgestellt, wodurch als schwarzer Punkt das Weidloch sichtbar wird.

1

2

3

1 __ Geiß mit zwei starken weiblichen Kitzen. Das rechte wirkt deutlich stärker; in Wirklichkeit sind beide gleichstark. Das rechte Kitz hat den Rücken durchgedrückt, das linke hat ihn gewölbt und wirkt dadurch – momentan – kürzer und »dünner«.

2 __ Bockkitz oder Knopfbock ist hier die – bei schlechtem Licht – nicht immer leicht zu beantwortende Frage. Knopfböcke, die sich durch den Sommer mogeln konnten, sind im Wildbret häufig schwächer als gute Bockkitze und haben auch nicht wesentlich mehr zwischen den Lauschern.

Auch das Verhalten kann nicht immer als Entscheidungshilfe dienen, weil Kitze jetzt oft schon einige Tage alleine ziehen oder aber die Mutter verloren haben. Dass nach dem 15. Oktober zwar schwere, gesunde Bockkitze erlegt werden dürfen, nicht aber schwache Knopfböcke, ist sachlich kaum zu begründen.

Bei diesem Stück stehen die dünnen Rosenstöcke nach innen, was bei Knopfböcken meist der Fall ist, und bei genauer Betrachtung erkennen wir sogar die Knöpfe. Manche Jäger halten diese für das »Erstlingsgehörn« des Bockkitzes.

3 __ Achtung! Bei diesem Anfang Dezember fotografierten »Bockkitz« handelt es sich um einen Jährlingsbock, der knapp eine Woche zuvor abgeworfen hatte.

Während der Gesamteindruck eher für ein Kitz spricht, blenden die tiefen Rosenstöcke sogar auf einen mehrjährigen Bock.

Eng beieinander sitzende, dünne Rosenstöcke sprechen für ein Kitz. Niedrige, breite Rosenstöcke gehören eher zu einem Jährling oder gar mehrjährigen Bock. Aber auch diese Regel ist unsicher, und vom Körpergewicht dürfen wir uns auch nicht täuschen lassen.

1

2

3

1__Nochmals Achtung! Bei dieser »Geiß«, die nur einen Moment in der Lücke stehen bleibt und zum schnellen Schuss reizt, handelt es sich um unseren älteren, abgeworfenen Hausbock. Zwar ist in dieser Stellung kein Pinsel zu sehen – aber auch keine Schürze. Man achte auf den Schädel: Der Abstand zwischen den Lauschern erscheint groß, die Schädeldecke flach. Bei genauem Hinsehen entdecken wir die Rosenstöcke.

Die Aufnahme entstand übrigens Mitte Dezember; der auf Seite 81 unten rechts abgebildete Jährlingsbock hatte früher abgeworfen!

2__Auch bei diesem Anfang Januar fotografierten Reh fällt die Entscheidung nicht leicht. Es könnte ein starkes Bockkitz sein, ist aber einer unserer (Haus-) Jährlinge kurz nach dem Abwerfen.

Man beachte den Abstand zwischen den Lauschern und vergleiche mit dem Bock daneben. Jährlingsschädel sind einfach schmäler als die älterer Rehe.

3__Wer ist das – ein Bockkitz oder ein Knopfbock? Wenn uns das Stück beim Abendansitz bei nachlassendem Licht alleine kommt, ist guter Rat teuer. Kommt das Stück zusammen mit der Geiß oder mit einem anderen Kitz, tun wir uns leichter – es ist ein Bockkitz.

Am Nässen erkennen wir zumindest, dass es sich um ein männliches Reh handelt. Vergleiche mit dem Schmalreh auf Seite 59 oben links!

1
2
3

1__Bei diesem »Knopfbock« handelt es sich um eines von zwei Kitzen, denen im September versehentlich die Mutter weggeschossen wurde. Das Kitz selbst wurde am 9. Januar erlegt, hatte seine Erstlingsknöpfe gerade frisch verfegt und brachte – obwohl verwaist – aufgebrochen 17 Kilogramm auf die Waage.

Es ist übrigens nicht so, wie immer wieder behauptet wird, nämlich dass alle Bockkitze im ersten Lebenswinter grundsätzlich ein »Erstlingsgehörn« schieben, dieses fegen und sofort wieder abwerfen, um anschließend ihr Jährlingsgehörn zu bilden, welches dann im Frühjahr gefegt wird. Zumindest ein Teil der Bockkitze scheint diese erste Stufe der Gehörnbildung zu überspringen!

2__Wer mag sagen, ob es sich hier um eine Geiß oder um ein Schmalreh handelt? Diese Frage ist bereits im Herbst – und unter jagdlichen Bedingungen – kaum noch mit Sicherheit zu beantworten. Die eingefallenen Flanken deuten auf eine Geiß (es ist unsere Hausgeiß).

Doch ob eine Geiß nun drei oder sechs Jahre alt ist, erkennen wir sicher nicht.

Auch das Einschätzen des Gewichtes ist schwieriger als gemeinhin angenommen. Je nach Körperstellung, Tätigkeit und Lichtverhältnissen erscheinen Rehe bald stärker und bald schwächer. Selbst das Alter erlegter, in der Wildkammer hängender Rehe wird eher selten zutreffend geschätzt.

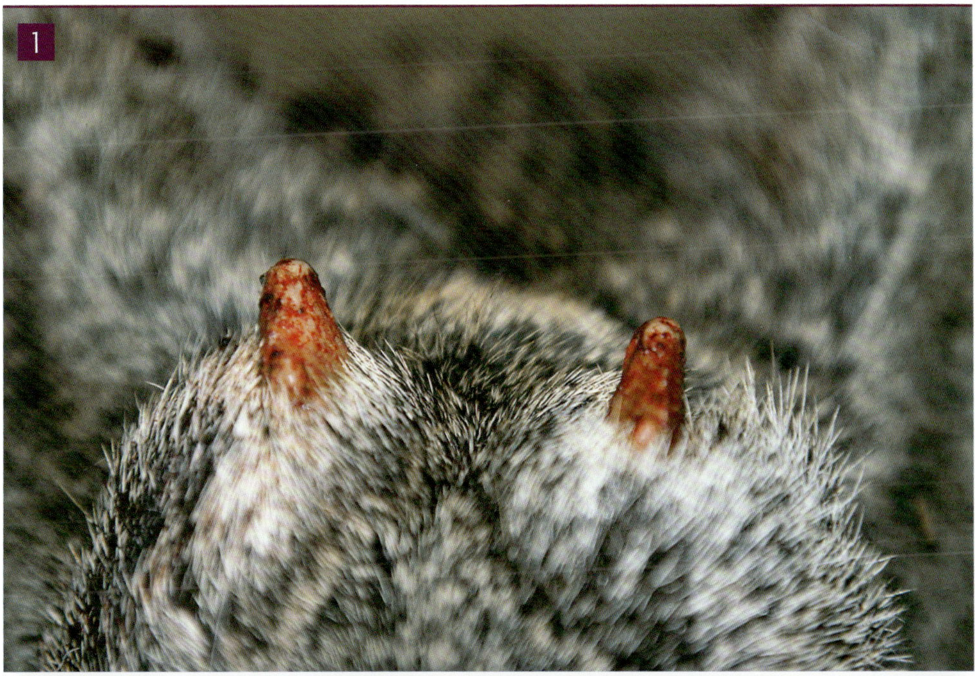
1

2

1__Zwei Geißkitze (rechts und Mitte), die annähernd so stark wirken wie ihre Mutter (links). Starke Dezemberkitze können durchaus schwerer sein als leichte Schmalrehe! Wenn es aber unter weniger günstigen Lichtverhältnissen und ohne Vergleichsmöglichkeit schon eines genauen Hinsehens bedarf, um Geiß und Kitz zu unterscheiden, dann ist es unmöglich, geringe Gewichtsunterschiede zwischen Kitzen zu erkennen.

2__Auf den ersten, flüchtigen Blick steht ein Kitz vor uns, in Wirklichkeit handelt es sich aber um unsere zum Zeitpunkt der Aufnahme zumindest siebenjährige, im Wildbret starke und bereits auf Seite 85 abgebildete Hausgeiß!

Der jugendliche Eindruck, den sie auf diesem Bild vermittelt, beziehungsweise der alte Eindruck auf Seite 85 werden beeinflusst vom jeweiligen Bildwinkel, der Körperstellung und dem Lichteinfall.

1

2

Altersmerkmal Zahnabschliff

1 __ Unterkiefer können brauchbare Hinweise auf das Alter eines Rehes liefern – aber sie können auch gewaltig täuschen, das beweisen die Unterkiefer von markierten Rehen. Relativ sicher lässt sich das Alter anhand des Unterkiefers bis zum Wechsel des dritten Prämolaren (P 3) feststellen. Der dreiteilige Milchzahn wird von den meisten Jährlingen zwischen dem 10. und 13. Lebensmonat gegen einen zweiteiligen Dauerzahn ausgetauscht.

Auf dem Bild ist unterm abgenutzten Milchzahn der noch weiße Dauerzahn zu erkennen. Der dritte Molar ist erst vor kurzer Zeit durchgebrochen und hat noch wenig Farbe. Im Herbst ist es bereits schwierig, den Unterkiefer eines Jährlings von dem eines normal entwickelten Zweijährigen zu unterscheiden.

2 __ So schaut in der Regel der Unterkiefer eines Zweijährigen aus, doch könnte er durchaus auch von einem Dreijährigen stammen.

REIMOSER legte nummerierte Unterkiefer markierter Rehe, auf denen das tatsächliche Alter nicht vermerkt war, Experten aus österreichischen Trophäenbewertungskommissionen vor. Nur einen einzigen von 13 Unterkiefer zweijähriger Rehe haben alle 24 Schätzer richtig erkannt. Sieben Experten ordneten Unterkiefer von Zweijährigen Jährlingen zu, und ein Zweijähriger wurde sogar zum Fünfjährigen befördert!

3 __ Der zweijährige, markierte Rehbock, von dem dieser Unterkiefer stammt, würde ohne weiteres auch als Siebenjähriger durchgehen, so stark ist sein Zahnabschliff!

HERZOG ALBRECHT VON BAYERN (ausgezeichnet mit dem Kulturpreis des DJV) kommentiert das Thema Zahnabschliff als Altershinweis so:

»Wenn also die Zahnabnützung schon bei den Rehen aus dem eigenen Revier derart schwankt, dass nicht einmal mit Sicherheit festgestellt werden kann, ob ein Kiefer von einem Zweijährigen stammt und wenn die Zähne eines Dreijährigen bereits doppelt so stark abgeschliffen sein können wie die eines doppelt so alten, wird die Methode der Altersbestimmung nach dem Abschliff des Unterkiefers reichlich ungenau.«

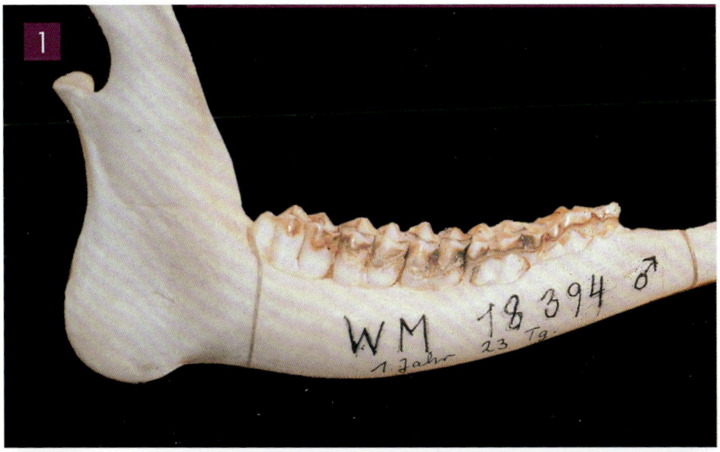
1
WM 18394 ♂
1 Jahr 23 Tg.

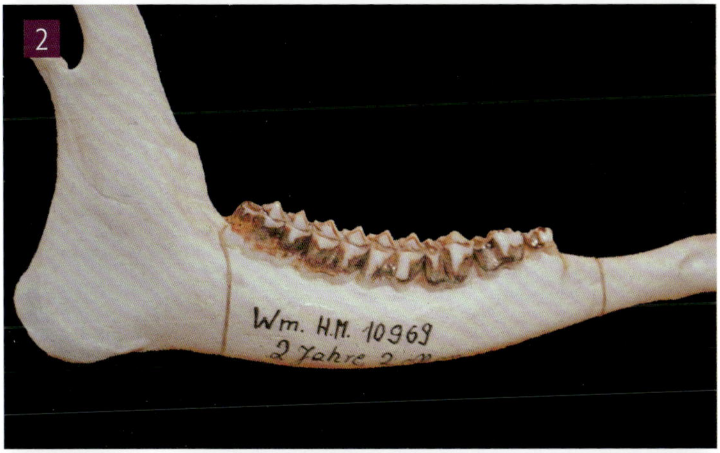
2
Wm. H.M. 10969

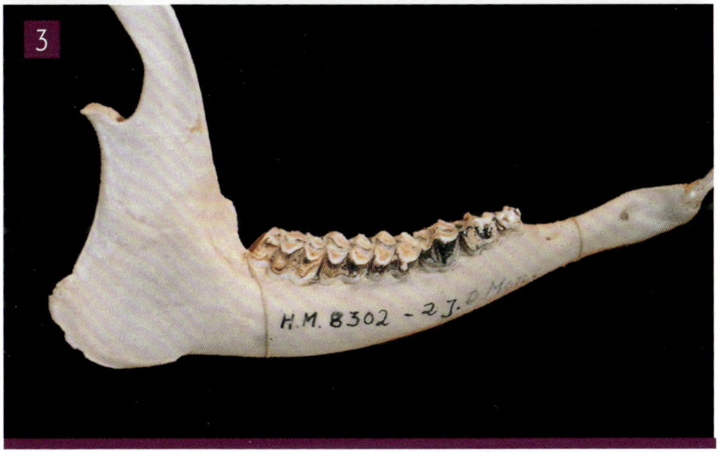
3
H.M. 8302

1__ Dieser Unterkiefer stammt von einem 3 Jahre und 2 Monate zuvor markierten Reh und ist typisch. Es gibt aber auch zwei- und vierjährige Rehe, die denselben Grad der Zahnabnutzung aufweisen.

REIMOSER et al stellen auf Grund ihrer Untersuchungen fest: *»Bei Jährlingsunterkiefern wurde das Alter noch in 79 % der Schätzungen richtig erkannt, bei zweijährigen Rehen sinkt die Trefferquote auf 48 % und bei dreijährigen und älteren liegt sie nur mehr bei 30 %.«*

OSGYAN, der als Praktiker ebenfalls auf Unterkiefer markierter Rehe zurück greift, meint: *»Im Durchschnitt lässt sich feststellen, dass nur 50 % der Schätzungen (Unterkiefer) annähernd richtig sind. 25 % stellen geringe und 25 % erhebliche Fehler dar.«*

2__ Auch dieser Unterkiefer stammt von einem dreijährigen Reh. Er täuscht ein sehr hohes Alter vor.

Dem Zahnabschliff im Unterkiefer maßen frühere Autoren eine tragende Rolle als Altersweiser zu. Allerdings hilft er beim Ansprechen lebender Rehe gar nichts!

Durch die Markierung Tausender Kitze und späterer Bewertung ihrer Unterkiefer weiß man inzwischen, dass der Zahnabschliff in einer nicht übersehbaren Zahl der Fälle erheblich vom tatsächlichen Alter abweicht.

Bedeutung hat der Unterkiefer aber dann, wenn es zu entscheiden gilt, ob es sich bei einem Reh um einen Jährling oder ein mehrjähriges Tier handelt. Denn im Alter zwischen 12 und spätestens 14 Monaten wird der dreiteilige dritte Milchprämolar gegen einen zweiteiligen Dauerprämolar ausgetauscht. Dann sind auch gleich die als Dauerzähne erscheinenden Molaren vollständig vorhanden. Darauf ist Verlass. Den Eckzahn im Oberkiefer besitzen nur etwa 3 Prozent aller Rehe. Das fertige Dauergebiss sieht so aus:

$$\frac{0\ (1)\ 3\ 3}{3\ \ 1\ \ 3\ 3} = 32\ (34)$$

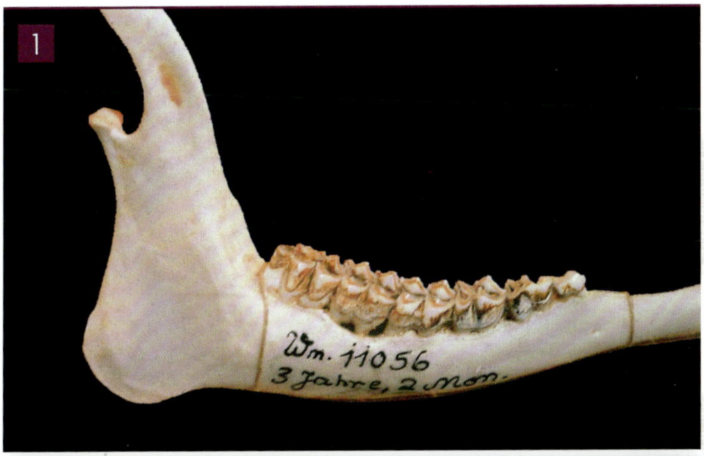
1
Wm. 11056
3 Jahre, 2 Mon.

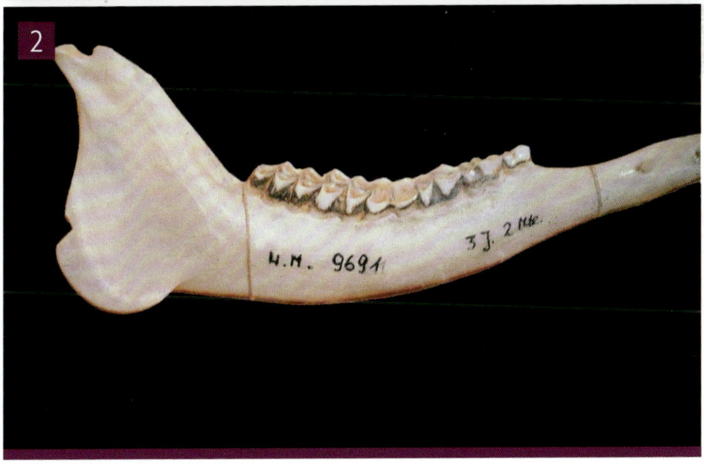
2
W.M. 9691
3 J. 2 Mte.

Gamswild

Beim Gamswild erntet der Winter überwiegend in der Jugendklasse. In der kann auch der Jäger nicht viel falsch machen. Doch bei keiner anderen heimischen Schalenwildart hängt das Überleben im Winter so sehr vom Vorkommen alter, erfahrener Tiere ab wie beim Gamswild.

1__Der Figur nach handelt es sich um einen jungen Bock, doch der selbst jetzt in der Frühjahrshärung gut sichtbare Pinsel und die recht hohen Krucken deuten eher auf einen Vertreter der unteren Mittelklasse (vermutlich 4- bis 5jährig). Bei den dreijährigen Böcken ist der Pinsel nur bei genauem Hinsehen zu entdecken. Der Haarwechsel erfasst gleichzeitig die gesamte Körperfläche. Junge und mittelalte Böcke stehen nicht mehr beim Scharwild. Sie bilden kleine eigene Rudel und stehen abseits, oder sie vergesellschaften sich im Sommerhalbjahr mit einzelnen älteren Böcken. Bei hoher Wilddichte neigen die »Mittelklässler« eher zur Rudelbildung, bei geringer Dichte mehr zum Einzelgängertum.

2__Wenn wir eine Gams in dieser Körperhaltung sehen, dann handelt es sich wahrscheinlich um ein weibliches Stück – egal wie die Krucke gehakelt ist. Geißen machen beim Nässen einen krummen Rücken und nässen hinter sich. Böcke spreizen nur die Hinterläufe und nässen (anatomisch bedingt) unter sich. Doch auf die Körperhaltung *alleine* dürfen wir uns auch nicht verlassen, denn vor allem junge Böcke machen zuweilen eine ganz ähnliche Figur wie Geißen. Ein absolut sicheres Zeichen ist nur der Urinstrahl!

3__Dieser Bock ist nicht mehr jung, aber vermutlich auch nicht älter als siebenjährig. Seine hohen Krucken täuschen. Der unerfahrene Jäger misst häufig der Kruckenhöhe ein zu großes Gewicht bei. Erst muss der Bock hoch werden, damit wir ihn nach dem Korpus beurteilen können.

1

2

3

1__Gamskitze werden von ihren Müttern in sogenannten Kindergärten »abgegeben« und dort meist von wenigen, oft kitzlosen Geißen beaufsichtigt.

Ein erheblicher Teil dieser Kitze wird das erste Lebensjahr nicht überstehen. Einzelne fallen dem Adler zum Opfer, die meisten aber (bis zu 60 Prozent) dem harten Bergwinter. Nur wer im Herbst noch ausreichend Reserven sammelt, hat Überlebenschancen. Zwar haben die Kitze bereits im September weitgehend auf pflanzliche Nahrung umgestellt, die Geißen produzieren aber bis zu Beginn der Brunft weiterhin Milch, die als Zusatznahrung dient. Mit dem Eisprung wird das Gesäuge dann trocken.

2__Gemischtes Scharl im Sommer. Ganz rechts äugt eine starkkruckige Geiß zum Betrachter; hinter ihr steht halbverdeckt ein Kitz. Es folgt ein weiteres Kitz, dann eine junge (vermutlich dreijährige) Geiß, danach ein Jahrling (Geschlecht ist nur beim Nässen zu erkennen).
In der Bildmitte vorne steht ein Kitz. Ganz links steht eine bockkruckige Geiß, neben ihr ein weiteres Kitz.

Während die erwachsenen Gams noch ihre roten Sommerdecken tragen, färben die Kitze bereits in die schwarze Winterdecke.

Kitze und Jahrlinge sind leicht auseinander zu halten. Bei den Kitzen zeigen sich erst kurze Hornspitzen zwischen den aufgestellten Haarbüscheln, während die Jahrlinge schon richtig kleine Krucken tragen.

Auch beim Gamswild sagt uns die Vergesellschaftung und das Verhalten der einzelnen Stücke etwas über ihr Alter. So ziehen in den gemischten Rudeln neben den Geißen mit ihren Kitzen auch die Jahrlinge und teilweise auch die zwei- und dreijährige Böcke mit. Scharwildrudel können bis zu hundert Tiere zählen, sind aber offene Gemeinschaften, nicht zu vergleichen mit den hierarchisch organisierten Rotwildrudeln oder Schwarzwildrotten. Einen festen Zusammenhalt gibt es nur innerhalb der Mutterfamilien. Zu den Gamsrudeln können jederzeit problemlos fremde Familien stoßen. Ebenso verlassen Familien oder einzelne Tiere die Rudel. Gams verteidigen keine Streifgebiete, sondern nutzen diese gemeinsam. Sie halten nur auf persönliche körperliche Distanz. Jüngere Böcke suchen im Sommer die Gemeinschaft mit Gleichrangigen und bilden meist kleine Rudel. Sie halten sich bevorzugt oberhalb der Waldgrenze auf.

Alte Böcke ziehen gerne alleine oder auch zu zweit. Sie setzen sich nicht selten in die tieferen Waldlagen ab und führen in schattigen Gräben ein beschauliches Dasein ohne die bei den Gratgams üblichen täglichen Ortswechsel zwischen Sonn- und Schattenseite.

1

2

1 __Etwas später im Jahr – im September: Die Geißen wechseln bereits wieder in die Winterdecke. Ganz rechts ein Jahrling, dann (spitz) eine Geiß mit typischer, wenig gehakelter Krucke, links von ihr ein Kitz, dahinter noch ein Jahrling. Links außen eine zweite Geiß, ebenfalls mit Kitz.

Die linke Geiß scheint nicht mehr ganz jung zu sein; ihr Rücken scheint bereits etwas durchzuhängen, das Becken wirkt knochig. Allerdings steht sie ungünstig bergab; wir müssen warten, bis sie sich dreht.

Obwohl die Kitze nahe bei den beiden Geißen stehen, ist nicht absolut sicher, dass sie auch zu diesen gehören. Erst wenn es zu intimen Kontakten zwischen Geiß und Kitz kommt ist sicher, dass sie auch zusammengehören. Wenn der Jäger nur in gutem Glauben, aber ohne diese »Bestätigung« Geiß und Kitz zusammen erlegt, begeht er unter Umständen einen Fehlabschuss, weil beide zwar beieinander standen, doch trotzdem nicht zusammengehörten. Doch Achtung, es wird noch schwieriger: Wenn eine laktierende Geiß ihr diesjähriges Kitz verloren hat, duldet sie gelegentlich das vorjährige Kitz (jetzt Jahrling) an der Spinne!

2 __Beim Kitz im Herbst sind die Krucken als kleine, schwarze Spitzen auf der Stirn erkennbar. Ob es sich um ein männliches oder ein weibliches Kitz handelt, lässt sich nur beim Nässen unterscheiden.

Da die Setzzeit der Gams komprimierter ist als etwa die des Rehwildes (die meisten Kitze werden in der zweiten und dritten Maiwoche geboren), haben Gewichtsunterschiede im Frühherbst mehr Aussagekraft als bei den Rehen. Kondition und Haarwechsel sind die einzigen biologisch sinnvollen Weiser für den Abschuss innerhalb der Geschlechts- und Altersklassen!

Darüber, ob überhaupt Kitze erlegt werden sollen, oder ob es ökologisch sinnvoller ist, schwache Kitze dem Adler zu überlassen, gehen die Meinungen weit auseinander. Auch lässt der Gesetzgeber nicht überall im Alpenraum den Abschuss von Gamskitzen zu.

1

2

1__Jahrlinge haben im Herbst schon richtige kleine – etwa lauscherhohe – Krucken. Ein Gamslauscher misst vom oberen Ansatz bis zur Spitze 10 bis 11 cm, und eine »lauscherhohe« Krucke weist eine Schlauchlänge von 12 bis 15 cm auf. Die Jahrlingskrucken sind bereits deutlich gekrümmt.

Der Geschlechtsdimorphismus (Gestaltsunterschied) ist nur mangelhaft ausgeprägt. Der Pinsel ist beim Bockjahrling noch nicht sichtbar. Zwar sind Jahrlingsgeißen etwas zierlicher als Jahrlingsböcke, doch sollte man sich darauf beim Ansprechen nicht verlassen. Absolute Sicherheit gibt nur die Platzierung des Urinstrahls beim Nässen.

Der Wechsel ins Winterhaar ist bei diesem Jahrling bereits in vollem Gange. Deutlich sind die leicht vom Wind angehobenen »Barthaare« auf dem Aalstrich zu erkennen. Sie werden nur einmal jährlich – im Frühsommer – gewechselt. Daher sind sie im Winter auch viel länger als das übrige Haar.

Krucken, die nicht unseren Vorstellungen entsprechen, sind biologisch gesehen sicher kein Abschussgrund. Nie haben ihre natürlichen Feinde die Gams nach Kruckenform oder -stärke selektiert, sondern ausschließlich nach körperlicher Verfassung oder nach Zufall (z. B. Lawinen).

Wir sollten uns an der Kondition der Tiere orientieren und auf eine naturnahe Struktur in Bestand und Abschuss achten. Das bedeutet eine weitgehende Schonung mittelalter Tiere und hohe Eingriffe in der Jugend.

2__Geiß mit Kitz im Oktober. Der linke Schlauch ist durch Sturz oder Steinschlag abgebrochen, was aber – für sich alleine – keinen Abschussgrund darstellt. Um ein fundiertes Urteil über ihr Alter abgeben zu können, müssten wir sie frei und in Bewegung sehen.

Beim Kitz erkennt man die Spitzen der Schläuche.

1

2

1__Vermutlich zweijähriger Bock. Die sehr gut gehakelten Krucken ragen schon deutlich über die Lauscher. Grundsätzlich aber darf man – ausgenommen beim Jahrling – von der Höhe der Krucken nicht auf das Alter schließen. Die Krucken eines zehnjährigen Bockes können niedriger sein als die eines vierjährigen! Die Jahrringe sind – in der Regel – auch mit dem Spektiv nicht zu erkennen, zumal zwischen ihnen ja auch noch Schmuckringe sitzen. Ganz abgesehen davon, werden die Jahrringe nicht selten von einem dicken Pechbelag überdeckt.

2__Mittelalte Geiß (vermutlich nicht älter als 5 bis 6 Jahre) mit typischer, wenig gehakelter Krucke.

3__Mittelalte Geiß, deren schwarze Zügel sich scharf von der hellen Gesichtsmaske abgrenzen. Da die Schläuche der Geißkrucken an ihrer Basis – meist – einen geringeren Durchmesser haben als Bockkrucken, ist der Raum zwischen den Krucken größer als der Durchmesser der Schläuche (auf diesem Bild nicht zu erkennen).

Geißen fegen auch weniger und haben daher selten starke Pechablagerungen an ihren Krucken. Deren Stärke lässt sich somit besser erkennen.

Die abgebildete Geiß hat ihren rechten Lauscher parallel zur Krucke aufgestellt, wodurch das Schätzen der Kruckenhöhe erleichtert wird.

Mittelalte Geißen führen in der Regel ein Kitz. Das Kitz auf dem Bild ist gut entwickelt.

1

2

3

1__Die Krucken können täuschen. Nicht wenige Geißen tragen gut gehakelte »Bock-Krucken«, ebenso gibt es »geißkruckige« Böcke. Aber der Pinsel ist beim mittelalten und alten Bock immer zu sehen – diesem Gams fehlt er. Geißen sind nur unwesentlich kleiner als Böcke, aber sie wirken schlanker als diese und sie sind bei annähernd gleicher Körpergröße wesentlich leichter. Bei dieser Geiß sind deutlich die langen, hellen Bauchhaare zwischen den Keulen zu erkennen, die von unerfahrenen Jägern manchmal mit den Pinselhaaren des Bockes verwechselt werden.

Bei wirklich alten Geißen zeichnet sich ein deutlicher Knick im Übergang vom Träger zum Widerrist ab, und der Rücken hängt durch. Die Keulen wirken mager, die Beckenknochen treten in Erscheinung. Diese Geiß hat noch eine »Top-Figur«.

2__Hier haben wir den Bock: ein kurzer »Kasten« mit relativ kurzem, breitem Träger, der viel gedrungener wirkt als die Geiß. Der Pinsel ist unübersehbar, obwohl es sich nur um einen mittelalten Bock handelt. Noch wirkt dieser Bock recht hochläufig.

Auffällig sind auch die stark angeschwollenen Brunftfeigen; sie lassen eine Krucke – je nach Blickwinkel – mitunter niedriger erscheinen.

Obwohl der Bock die Barthaare angelegt hat, ahnt man ihre Länge. Sie sind jedoch absolut kein brauchbares Altersmerkmal. Gerade mittelalte Böcke haben manchmal besonders lange Bärte! Wirklich alte Böcke sind selten mit »Spitzenbärten« ausgestattet.

3__Der Steinbock ist alt – ja. Aber der davor stehende Gams, den mancher Gelegenheitsjäger vorschnell als »kapital« bezeichnen mag, ist jung und seine Krucke keineswegs besonders stark.

Was die Deckenfärbung betrifft – wirklich alte Böcke haben gerne einen Braunstich – so muss man vorsichtig sein, da auch der Lichteinfall und der Betrachtungswinkel eine große Rolle spielt und täuschen kann.

1
2
3

1 __ Mittelalter Gamsbock, den wir am Leben lassen sollten. Seine schwarzen Zügel grenzen sich scharf ab. Die langen Pinselhaare täuschen. Der Körper wirkt zwar gedrungen, aber immer noch hochläufig. Auf den Keulen ist ein heller Fleck zu sehen, der dem alten Gams fehlt.

Die Krucken dürften so um die 15 cm hoch sein (Vergleich mit Lauscher), aber die Schläuche sind nicht besonders stark. Manchmal täuscht ein starker Pechbelag dicke Schläuche auch nur vor. »Hegerisch« – oder sagen wir biologisch – gesehen, haben Kruckenform und -stärke ohnehin keine Bedeutung und sie korrelieren nicht unbedingt mit dem Körpergewicht eines Gams.

2 __ Dieser mittelalte Bock (vermutlich zwischen 4 und 7 Jahre) folgt blädernd einer Geiß. Er hat – um seinen Körperumfang optisch zu vergrößern – den Bart aufgestellt und will damit imponieren. Uns imponiert das nicht sonderlich, denn Barthaare, die sich so bolzgerade aufstellen lassen, können nicht sonderlich lang sein!

Der Pinsel ist zwar gut zu sehen, aber noch relativ dünn (was aber täuschen kann!). Auch die Schläuche wirken dünn und nicht besonders hoch.

3 __ Dieser Bock scheint auf den ersten Blick alt zu sein. Er ist massig im Wildbret, seine Zügel sind bereits etwas verwaschen.

Allerdings gibt es vereinzelt auch alte Böcke, deren Zügel noch relativ scharf abgegrenzt sind. Wirklich alte Gams wirken – besonders im dünneren Sommerhaar – »knochig«, ihr Gesicht scheint »eingetrocknet«. Der abgebildete Bock trägt noch eine lackschwarze Winterdecke, wie sie eher bei den Mittelalten üblich ist. Bei wirklich sehr alten Gamsböcken spielt die Decke ins Bräunliche und verliert an Glanz. Allerdings variiert die Deckenfarbe je nach Lichteinfall und -intensität!

4 __ Bei diesem Bock sind die Zügel schon ordentlich verwaschen; er scheint wirklich reif zu sein. Dafür spricht auch der helle Fleck unterm Licht. Die Decke ist nicht mehr lackschwarz, sie hat bereits einen Braunstich.

An den Schläuchen hat sich ein dicker Pechbelag abgesetzt. Ich würde ihn, ohne langes Zögern, schießen.

1

2

3

4

1__Längsschnitt durch einen Hornschlauch der Gamskrucke mit den jährlichen Zuwachszonen.

Die Schläuche der Gamskrucke bestehen aus einzelnen Horntüten, die auf Stirnzapfen sitzen. Das Hornwachstum setzt im Frühjahr ein und ruht im Winter. Dadurch entstehen deutliche Absätze, die Jahresringe, die nicht mit den dazwischen liegenden Schmuckringen verwechselt werden dürfen. Der größte Wachstumsschub erfolgt im zweiten Lebensjahr. Nach dem fünften Jahr sind die Zuwächse an Horn nur noch gering und bewegen sich im Bereich weniger Millimeter. An manchen Schläuchen sind die Jahrringe in Folge Verpechung nur teilweise oder auch gar nicht zu erkennen.

Beim Gamswild lässt sich das Alter an den Krucken feststellen; der Blick auf das Zahnbild ist daher eigentlich gar nicht notwendig. Dabei vergehen mehr als drei Jahre, ehe das Dauergebiss komplett ist. Bei der Geburt sind nur die Schneidezähne vorhanden, die Prämolaren stehen aber als Milchzähne kurz vorm Durchbruch. Der erste Molar erscheint im Alter von etwa vier Monaten gleich als Dauerzahn, der letzte Molar jedoch erst mit 30 Monaten. Bis alle Milchschneidezähne durch Dauerzähne ersetzt sind, ist das Tier zumindest 40 Monate alt und steht somit bereits mitten im vierten Lebensjahr. Das aus 32 Zähnen bestehende Dauergebiss sieht so aus:

$$\frac{0\,0\,3\,3}{3\,1\,3\,3} = 32$$

2__An dieser Krucke eines zehnjährigen Bockes sind die Jahrringe deutlich zu erkennen.

1

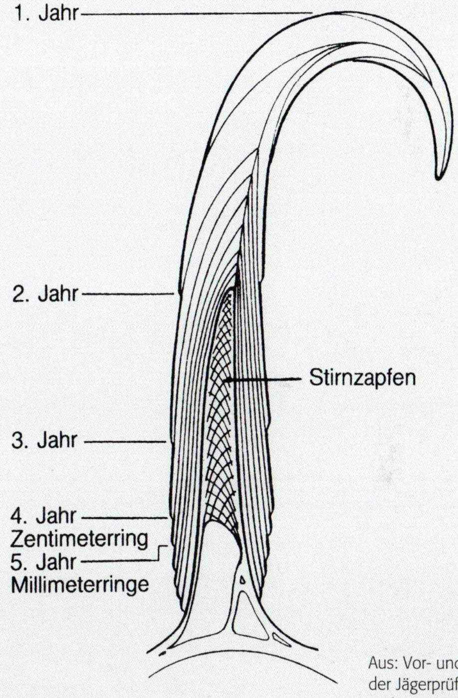

Aus: Vor- und nach der Jägerprüfung – Krebs, BLV Verlag.

2

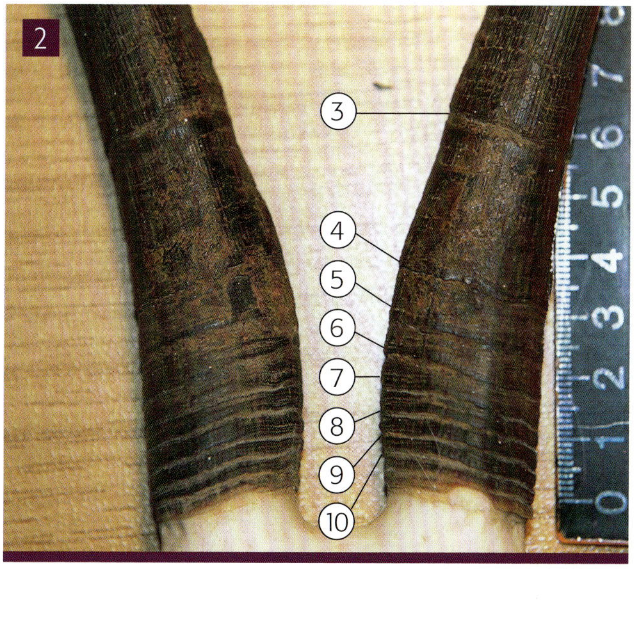

Muffelwild

Die gerechte Bejagung des Muffelwildes ist nicht so einfach wie viele glauben. Das weite »Umherzigeunern«, häufig wechselnde Rudelzusammensetzungen, das scharfe Äugen und auch die manchmal schwierige Altersansprache der Widder zwingen oft zu einer schnellen Entscheidung. Und mancherorts gibt auch die individuelle Entwicklung einzelner Populationen den Jägern Rätsel auf.

1__Nicht jedes Stück Muffelwild, das »etwas« auf dem Haupte trägt, ist ein Widder! Gehörnte Schafe kommen in vielen Muffelwild-Populationen vor, in manchen sind sie eher selten, in manchen häufig. Diese »Stümpfe« sind an der Basis im Querschnitt elliptisch und unterscheiden sich damit von den im Querschnitt eher »dreieckigen« Schnecken der jungen Widder.

Hier sehen wir ein gehörntes Schaf mit seinem wenige Wochen alten, im April/Mai gesetzten Lamm.

2__Noch verhältnismäßig junges Schaf mit schwachem Schaflamm im Spätherbst. Entweder wurde das Lamm spät gelammt oder ist aus anderen Gründen in seiner Entwicklung zurückgeblieben. Man sollte auch hier versuchen, beide Stücke zu erlegen. Aber: zuerst das Lamm, dann erst das Altschaf.

3__Älteres, knochig wirkendes Schaf mit Widderlamm im Frühherbst. Die »Teufelshörnchen« des Widderlammes sollten zu Beginn des Winters mindestens 15 cm lang sein. Da das Wachstum erst im Dezember/Januar unterbrochen wird, sind diese etwa 10 cm langen »Schneckchen« Ende August oder Anfang September noch durchaus im normalen Rahmen. Da wir aber auch normal entwickelte Stücke erlegen müssen, sollte der Jäger eine solche Gelegenheit nicht verpassen und – wenn möglich – zuerst das Widderlamm, dann das Schaf erlegen.

Die Zusammensetzung der Muffelwild-Rudel, auch der Schafrudel, ist längst nicht so stabil wie zum Beispiel beim Rotwild. Ihre Zusammensetzung ändert sich häufig, oft während eines Tages mehrfach. Die Addition verschiedener Rudel, die »bekannt« sind, führt daher eigentlich immer zu deutlichen Bestands-Überschätzungen. Drückjagden auf Muffel – womöglich mit Hunden – sind wenig erfolgversprechend. Je größer der Jagddruck beziehungsweise die Turbulenzen sind, umso enger rudeln sie sich zusammen und kommen dann dem Jäger in so dichtem Pulk, dass ein verantwortbarer Schuss unmöglich ist.

1

2

3

1_Mindestens mittelaltes, führendes Schaf, das gerade sein Lamm säugt. Die Weißfärbung des Gesichtes ist kein sicheres Altersmerkmal. Manche Schafe haben bereits mit 3 oder 4 Jahren eine fast weiße Maske, andere wiederum sind mit sechs Jahren noch verhältnismäßig dunkel. Das scheint auch von Population zu Population verschieden zu sein.

2_Von links: Älteres, knochig wirkendes Schaf, Schaflamm, dann (vermutlich) Schmalschaf im ausgehenden Frühjahr/Frühsommer. Alle Stücke verlieren gerade ihr Winterhaar und sehen daher recht ruppig aus. Es ist auch noch keine Jagdzeit, und so müssen wir uns über Erlegungs-Würdigkeit beziehungsweise -Notwendigkeit noch keine Gedanken machen.

3_Von links: Jährlings-Widder (im Sommer seines zweiten Lebensjahres, also nun etwa 15 Monate alt) und starkes Altschaf. Auch wenn dieses wirklich starke Schaf kein Lamm führen oder dieses bereits verloren haben sollte, sollte man sich seine Erlegung gut überlegen. Der Jährlingswidder ist normal entwickelt – kein »Überflieger«, aber auch nicht extrem untermaßig. Ob man ihn erlegen sollte oder nicht, hängt wohl entscheidend von der Erfüllung des Abschussplanes des jeweiligen Reviers ab. Jedenfalls: Widder Klasse III.

Der jährlich zu erwartende Zuwachs kann beim Muffelwild – im Gegensatz zu den anderen bei uns heimischen Schalenwildarten – stark schwanken. Er hängt von vielen Faktoren ab – Art und Intensität der Bejagung, Geschlechterverhältnis, gestörte oder intakte Alters- und Sozialstruktur und viele Gründe mehr, auf die einzugehen würde den Rahmen dieses Büchleins sprengen. Eine objektive, vom jeweiligen Jagdausübungsberechtigten weder »geschönte« noch aus welchen Gründen auch immer »heruntergerechnete« tatsächliche Bestandsermittlung nach Ende einer jeden Jagdzeit und daraus für das folgende Jagdjahr sich errechnende Abschusshöhe sind bei dieser Wildart zwingende Voraussetzung für eine jagdlich richtige Behandlung jeder Muffelwildpopulation.

1

2

3

1__Ein »normal« entwickeltes Widderlamm im Spätherbst/Frühwinter. Die Frage »erlegen« oder »schonen« hängt von der individuellen Situation des einzelnen Reviers ab. Wie bei allen Wildarten ist eine »Lücke« in der Jugendklasse rasch wieder aufgefüllt, wenn es der Abschussplan erfordert, sollte/könnte man dieses Widderlamm erlegen: Klasse IV.

2__Zweieinhalbjähriger Widder im Sommer, dessen Schneckenspitzen bedrohlich in Richtung Träger wachsen. Auch durch ein weiteres Wachstum der Schnecken wird sich die Wuchsrichtung nicht mehr ändern. Wenn dieser Widder Glück hat, werden die Schnecken in ein bis zwei Jahren »nur« am Träger scheuern, hat er Pech, dann wachsen sie in diesen ein. Häufige Einwachser in einer Muffel-Population lassen den Schluss zu, dass in deren Vorfahren Heidschnucken eingekreuzt wurden. Daher: Erlegen; Klasse II (b)*.

3__Jährlingswidder im Herbst seines zweiten Lebensjahres, gerade noch normal entwickelt, aber sicher keine besonders gute Veranlagung! Auch das hängt natürlich von der individuellen Qualität der jeweiligen Muffelpopulation ab. Wenn es der Abschussplan erfordert, sollte man ihn erlegen: Klasse III (b).

Schalenerkrankungen – also nicht genügend abgenutzte und daher ausgewachsene Schalen – sind in vielen Muffelpopulationen ein ernstes Problem. Es scheint dies nicht zwingend eine Frage der Abnutzungsmöglichkeiten zu sein, denn sie treten auch da auf, wo felsige Hänge eigentlich eine gute Schalenabnutzung garantieren sollten. Anscheinend sind Widder gegen solche Schalenauswachsungen anfälliger als Schafe, was vielleicht auf deren geringere Bewegungsaktivitäten in der Zeit außerhalb der Brunft zurückzuführen ist. Ein sich beim Äsen »hinknieender« Widder sollte immer genau unter die Lupe genommen werden. Meist ist dieses Verhalten ein Hinweis auf deformierte Schalen an den Vorderläufen. Die »Moderhinke« ***hingegen*** ist eine Virusinfektion (und hat primär nichts mit dem Auswachsen der Schalen infolge zu geringer Abnutzung zu tun), die die Schafherden der Wanderschäfer auch in die Muffelgebiete hineintragen. Häufig oder ständig von solchen Schafherden frequentierte Gebiete eignen sich schon von daher nicht für eine etwaige Einbürgerung von Muffelwild.

*) Je nach Bundesland kann die Klassifizierung unterschiedlich ausfallen.

1

2

3

1__Sehr gutes Widderlamm im Spätherbst, das man unbedingt schonen sollte. Die Schnecken sind sicher deutlich über 15 cm lang und ein solches Widderlamm berechtigt gewiss zu hohen Erwartungen an Schneckenlänge und -stärke in späteren Jahren. Klasse IV.

2__Vermutlich eindreiviertel Jahre alter Widder in der Winterdecke mit beachtlich starken Schnecken an der Basis. Man könnte auf dem Bild den Eindruck gewinnen, er wäre ein potentieller Einwachser, aber dazu müsste man ihn spitz von vorne und/oder spitz von hinten sehen. Man muss bei solchen Überlegungen auch berücksichtigen, dass die starke Wintermähne einen dickeren/breiteren Träger vortäuscht, als dieser in Wirklichkeit ist. Also, vermutlich ein absolut »normales« Exemplar seiner Altersklasse: Klasse III (a).

Die Brunft der Muffel in der Zeit von Ende Oktober bis weit in den Dezember hinein verläuft ruhig und ist in keiner Weise mit der des Rot- oder Rehwildes vergleichbar. Die Widder treten zu den Schafrudeln, die ihrerseits ihre Aktivitäten auch in dieser Zeit kaum ändern. Obwohl es gelegentlich zu Kämpfen zwischen den Widdern um ein brunftiges Schaf kommt, kann man andererseits auch oft mehrere mittelalte und ältere Widder in einem solchen Schafrudel beobachten. Es gibt auch keine »Brunftplätze«, der Widder wird das brunftige Schaf dort beschlagen, wo er es trifft! Insofern ist auch die beim Rotwild in manchen Revieren geübte Praxis, Kahlwild zu »horten« in der (durchaus berechtigten) Hoffung auf reichlichen Hirsch-Zuzug in der Brunft beim Muffelwild relativ wirkungslos. Nur wer weiß, wo in den Brunftwochen die Schafe bevorzugt stehen, wird auch dort seine(n) Widder erlegen.

Manchmal werden dem Muffelwild Schälschäden angelastet, die diese Wildart garnicht verursacht haben kann. Die im Vergleich zu anderen Wildarten sehr enge Maulspalte hindert das Muffelwild am Schälen stärkerer Bäume. Vom Muffelwild verursachte Schälschäden treten nahezu ausschließlich als Sommerschälung und nur an dünneren Bäumchen auf. Gelegentlich werden auch die Wurzelanläufe der Fichte geschält. Rammschäden – z. B. an stärkeren Buchen – durch Widder sind hingegen häufiger und auch wieder meist im Sommer zu beobachten. Die Widder rammen dicke Buchen, die Rinde platzt ab und wird dann vom Boden aufgeäst.

1

2

1 __Zwei- bis dreijähriger, normal entwickelter Widder mit ausreichend weitem Kreisbogen und guter Drehung der Schnecken. Die Gefahr eines Einwachsens besteht bei diesem Widder erkennbar nicht. Auch die Schneckenstärke ist ausreichend. Daher: Schonen! Klasse II (a).

2 __Wahrscheinlich dreijähriger, normal entwickelter Muffelwidder mit dicken Schläuchen an der Schneckenbasis, noch ausreichendem Kreisbogen und guter Drehung. Man sollte ihn unbedingt noch weitere drei Jahre leben lassen. Klasse II (a).

3 __Drei- bis vierjähriger Widder mit extrem weiter Auslage, was auf »Argali«-Blutanteile hindeutet. Hinzu kommt noch ein ebenso extremer Kreisbogen. Ein solcher Widder wird auch in hohem Alter niemals mit den Schneckenspitzen die Höhe seiner Lichter (von der Seite gesehen) erreichen. Natürlich kann es bei solchen Schnecken niemals ein Einwachsen geben, aber »muffeltypisch« ist eine solche Schnecke eigentlich auch nicht. Die Färbung der Gesichtsmaske ist kein Altersmerkmal sondern – wie bei den Schafen – individuell sehr unterschiedlich. Klasse II (a).

Das Muffelwild ist in Bezug auf die Sehschärfe am ehesten mit dem Damwild vergleichbar. Es ist nicht nur ein exzellenter »Bewegungsseher«, sondern erkennt auch die absolut ruhig dastehende Silhouette eines Menschen und zieht daraus seine Schlüsse, die eben meist in sofortiger Flucht bestehen. Aus diesem Grunde ist die Pirsch eine, auf diese Wildart, wenig erfolgversprechende Jagdmethode. Es gibt beim Muffelwild auch kein »Schein-Äsen« wie bei den anderen wiederkäuenden Schalenwildarten. Der ihr Misstrauen erregende Gegenstand wird starr fixiert, bis dem Jäger eben doch eine kleine Bewegung unterläuft und das Rudel oder Einzelstück wegflüchtet. Da also Pirsch und Drückjagd als erfolgversprechende Jagdmethoden ausfallen, bleibt nur der beharrliche Ansitz auf der den Jäger weitgehend abdeckenden Kanzel oder dem geschlossenen Hochsitz.

1

2

3

1__Alter, vermutlich sechsjähriger Widder, bei dem die Abnutzung der Schneckenspitzen bereits größer sein dürfte als der Zuwachs an der Basis. Starke und dicke Schnecken und eine »normale« Auslage sowie ein ebenfalls »normaler« Kreisbogen machen einen solchen Widder sehr begehrenswert. Ein reifer Widder sollte bei normalem Kreisbogen mit den Schneckenspitzen die Höhe seiner Lichter erreicht haben. Dies ist allerdings nur ein sehr vages Ansprechmerkmal, weil dieses Kriterium bei engem Kreisbogen sehr früh, bei weitem Kreisbogen spät oder gar nicht erreicht wird. Klasse I.

2__Reifer, sicher ebenfalls mindestens sechsjähriger Widder ohne den muffeltypischen Sattelfleck, ein »Schwärzling« also. Der Anteil der Widder ohne Sattelfleck schwankt in den verschiedenen Populationen beträchtlich und ist kein Abschusskriterium. Die Auslage der Schnecken ist bei diesem Widder deutlich weiter als bei dem Vorherigen. Ein vollreifer Widder, dessen Schneckenlänge auch nicht mehr zunehmen dürfte, da der Längenverlust an den Schneckenspitzen ab jetzt größer sein dürfte als der nur noch minimale Zuwachs an der Basis. Klasse I.

Muffelwild »schreckt« nicht wie Reh- und auch Rotwild, es warnt seine Artgenossen durch ein helles Pfeifen vor einer erkannten Gefahr. Dieses Pfeifen ist der Lautäußerung des Gamswildes sehr ähnlich und wird von Widdern wie Schafen gleichermaßen »verwendet«. Hat man diesen Warnpfiff einmal vernommen, dann darf man auf ein Beruhigen dieses Rudels oder Einzelstückes nicht mehr hoffen. Im Gegensatz beispielsweise zum Rehwild, das oft nach kurzer Fluchtstrecke wieder relativ vertraut wird, flüchtet Muffelwild nach einem solchen Warnpfiff immer in weite Ferne. Es ist also deutlich misstrauischer als die anderen Schalenwildarten.

Über die Verträglichkeit des Muffelwildes mit anderen Schalenwildarten liegen sehr unterschiedliche Erfahrungen vor. Die persönlichen Erfahrungen des Autors sind die, dass Muffelwild sich seinerseits gut mit Rot- und auch Rehwild »verträgt«, während Schwarzwild gemieden wird beziehungsweise die Muffel diesem ausweichen und eine Äsungsfläche verlassen, wenn Sauen auftauchen. Stehen Sauen bereits auf einer Wiese, auf die die Muffel austreten wollen, ziehen die Muffel weiter.

Umgekehrt verlässt Rehwild eine Äsungsfläche meist sofort, wenn Muffelwild auf dieselbe zieht. Rotwild und Muffelwild vertragen sich ausgesprochen gut und äsen oft nur wenige Meter voneinander entfernt.

1

2

Beim Muffelwild ist der Zahnwechsel im Alter von etwa 43 bis 45 Lebensmonaten abgeschlossen. Ab diesem Zeitpunkt ist das tatsächlich erreichte Alter nach dem Zahnabschliff beziehungweise der Zahnabnutzung nur sehr vage zu ermitteln.

Die Zahnformel eines über 45 Monate alten Muffelwidders oder Schafes ist:

$$\frac{0\,0\,3\,3}{3\,1\,3\,3} = 32$$

Weitaus genauer ist die Altersfeststellung beim männlichen Muffelwild nach den Jahrringen, die sich auf den Schnecken – am deutlichsten auf deren Rückseiten – recht gut erkennen lassen.

Das Reifealter des Muffelwidders liegt bei etwa sechs Jahren. Individuell unterschiedlich ab dem 5. oder 6. Lebensjahr ist der Längenverlust der Schnecken durch das Abfaulen oder Wegbrechen der Schneckenspitzen größer als der Zuwachs an der Basis.

In Prozenten der erreichbaren Gesamtlänge kann man ungefähr von folgendem jährlichen Längenwachstum ausgehen:

Lamm	19 %
Jährling	26 %
Zweijähriger Widder	23 %
Dreijähriger Widder	15 %
Vierjähriger Widder	9 %
Fünfjähriger Widder	5–6 %
Sechsjähriger Widder	1–2 %

1 Schematische Darstellung des Schneckenwachstums eines Muffelwidders.

2 Die Ziffern zeigen das Ende des jeweiligen Lebensjahres (1. bis 6.) an. Der Widder befand sich somit im 7. Lebensjahr.

1

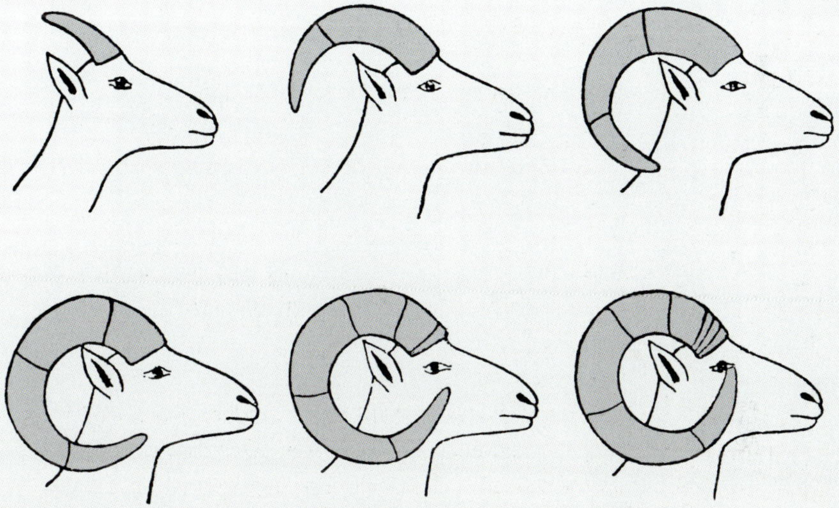

Aus: DJV-Merkblatt

2

Schwarzwild

Über das Ansprechen und den Wahlabschuss beim Schwarzwild wurde schon viel Papier verschrieben. Aber die sich endlos vermehrenden Bestände wurden damit nicht in Griff gehalten, schon gar nicht reduziert. So tut der Jäger gut daran, sich auf das Wesentliche zu beschränken: Bachen sind tabu, solange ihre Frischlinge noch Streifen tragen!

1__Bei diesem jungen Überläuferkeilerchen, das gerade seine rotbraunen Frischlingsborsten gegen die silbergraue Sommerschwarte vertauscht, ist der Pinsel noch zu sehen. Deutlich erkennt man die Verbreiterung des Wurfs durch die noch verdeckten Waffen. In einem halben Jahr werden sie heraußen sein.

Beim Schuss im letzten Licht – an der Kirrung oder im Kartoffelacker – sind diese Details allerdings nicht mehr zu erkennen. Dann heißt es aufpassen und bei einzeln erscheinenden Sauen lieber den Finger gerade lassen. Besonders im Feld sind kleinere Frischlinge in der Nacht oft nicht zu sehen!

2__Junge, nicht führende Bache im Sommerhaar. Man beachte den langen, spitzen Schädel.

Der Jäger muss dem Verhalten und der Vergesellschaftung des Schwarzwildes beim Ansprechen mindestens so viel Bedeutung beimessen wie dem Aussehen – merke:

- Bei Rotten ist die erste erscheinende Sau – in der Regel – die Leitbache!
- Bei Überläufern, die mit stärkeren Stücken vergesellschaftet sind, handelt es sich meist um Bachen.
- Kommen jedoch mehrere gleichstarke Sauen, handelt es sich meist um Überläuferkeiler.
- Ältere Keiler stehen außerhalb der Rauschzeit fast immer alleine.

3__Stärkerer Keiler (vermutlich 3 bis 5 Jahre) im Frühjahrshaarwechsel. Die Waffen sind gut zu sehen, ebenso der Höcker auf dem Wurf. Bei dieser Aufnahme wird deutlich, wie sich die Form des Hauptes mit dem Haarwechsel verändert. Im Kehl- und Unterkieferbereich sind noch lange Winterborsten vorhanden. Aus dem fast gleichschenkligen Dreieck des Winters wird ein spitzwinkliges für den Sommer.

1

2

3

1__Überläuferkeiler im Frühjahrshaarwechsel (April); auf dem Rücken sind noch die roten Borsten der ersten Winterdecke zu sehen. Steine (Hoden) und Pinsel sind in diesem Alter – bei gutem Licht – zu erkennen. Die Waffen sind noch nicht durchgebrochen.

2__Bei der vorderen Bache sehen wir auf den ersten Blick das Gesäuge, während die hinter ihr stehende offensichtlich (noch) nicht führt.

Die Größe der beiden Bachen sagt über ihr Alter nichts aus. Die schwächere (vorne) kann durchaus die ältere sein.

Die Frischlinge sind vermutlich gute zwei Wochen alt.

Merke: In dieser Jahreszeit steht – in der Regel – kein erwachsener Keiler bei der Bache!

3__Starker, noch im Winterhaar befindlicher Keiler im Frühjahr. Er kommt uns sicher alleine und nicht in der Rotte. Jetzt bei hellem Licht ist er leicht anzusprechen. Doch in der Abenddämmerung wird manche Bache, die unmittelbar vor dem Frischen steht oder ihre Frischlinge noch im Kessel liegen hat, ebenfalls zum »Keiler«.

Wir bejagen jetzt nur Sauen, die in der Rotte ziehen, und dann nur die schwächsten Stücke. Dabei können wir nicht viel falsch machen.

1

2

1 __Bei diesen Frischlingen verwischen die Streifen bereits, und die Gesichter sind grau. Sie werden daher schon um die zwei Monate alt sein.

2 __Führende Bache (noch im Winterhaar) mit gestreiftem Frischling vorne und dahinter vermutlich eine Überläuferbache, die schon stark im Haarwechsel ist.

Befinden sich im Frühjahr in noch »dunklen Rotten« (Winterhaar) bereits silbergraue Stücke, handelt es sich entweder um Überläufer oder um nicht führende Bachen! Beschlagene Überläuferbachen haben in der Regel nicht so viel Reserven, um als erste die Borsten wechseln zu können.

Der Frischling dürfte vier bis fünf Wochen alt sein. Mit acht Wochen beginnen die Streifen bereits zu verwischen. Mit fünf Monaten ist meistens nichts mehr von ihnen zu erkennen.

3 __Gemischte Rotte im Mai. Ganz rechts hinten steht ein männliches Stück, wahrscheinlich ein letztjähriger Überläuferkeiler. Zwar sondern sich diese meist in der Rauschzeit von der Familie ab, doch gibt es Ausnahmen. Im Vordergrund stehen zwei Frischlinge, dahinter links vermutlich eine Überläuferbache, rechts davon vermutlich die Bache.

Wer keinen Fehler machen will, der wähle – auch dort, wo das Jagdgesetz keine Einschränkungen vornimmt – einen der Frischlinge.

1

2

1__Zwei Frischlinge in der roten Schwarte legen spielerisch die Rangordnung fest. Frischlinge erscheinen – fast – immer rottenweise!

2__Zwei Bachen mit Frischlingen. Die beiden rechten tragen noch ihre roten Sommerborsten, der linke hat sich bereits fast ganz »umgezogen«. Man betrachte die Gesichter der Sauen. Das der Bache und die der beiden roten Frischlinge sind schmal, ohne seitliche Wölbungen – weiblich. Bei dem fast schwarzen Frischling ganz links erkennen wir die Wölbungen im Bereich der Waffen schon deutlich – Frischlingskeiler.

3__Noch roter Frischling, der Pflanzenmaterial für den Bau des Kessels zusammenträgt.

4__Überläuferkeiler im Herbst/Winter seines zweiten Jahres! Warum? Weil er keine rotbraune Frischlingsschwarte mehr hat! Die Waffen spitzen schon leicht unter den Oberlippen hervor – also männlich. Beim älteren Keiler wären die Waffen bereits voll heraußen.

5__Jüngerer Keiler in der Sommerschwarte. Zwischen den Keulen sind zwar die Steine zu sehen, doch am Pinsel fehlen die langen Haare der Winterschwarte. Daher müssen wir schon genau hinsehen. Deutlich ist die Verbreiterung des Wurfs durch die Waffen zu erkennen. Sommersauen wirken immer hochläufiger als Wintersauen. Sie blenden daher nicht so stark nach oben. Die Hauer verraten uns nicht viel über das Alter eines Keilers, denn sie brechen gerade bei den mittelalten Keilern gelegentlich ab, was aber unter jagdlichen Bedingungen nicht immer zu erkennen ist. Es bricht meist nur ein Gewehr.

1
2
3
4

1__Eine gemischte Rotte im Herbstwald: Hinter der Bache ein kleiner, zur Unzeit geborener Frischling, dahinter starke Frischlinge im roten Jugendkleid. Wer auf Drückjagden Fehlabschüsse vermeiden will, der halte sich an die roten Sauen und pardoniere alle »schwarzen«!

2__Keiler (vorne) und Bache in der Rauschzeit. Der Schädel des Keilers ist massiger als jener der Bache; der Wurf wirkt deutlich breiter. Die Waffen und der Höcker auf dem Wurf lassen diesen breiter erscheinen. Generell sagen aber Körpergröße und -gewicht nichts über das Geschlecht aus, ebenso wenig lässt sich daran das Alter festmachen. Schon die Jugendentwicklung hängt sehr stark von der schwankenden Nahrungssituation ab. Frischlinge, die mit einer Eichelvollmast aufwachsen, erreichen bis zum ersten Winter bereits Gewichte wie in anderen Jahren Überläufer. Fehlt die Mast und haben sie in ihren ersten drei Lebenswochen vielleicht auch noch mit ungünstiger Witterung zu kämpfen, so gehen sie deutlich schwächer in den Winter.

3__Rauschzeit: Ein der Figur nach jüngerer Keiler (links; vergleiche mit dem Keiler auf dem vorstehenden Bild!), dessen Waffen aber schon gut zu sehen sind, prüft die Paarungsbereitschaft der Bache, während ein zweiter Keiler im Hintergrund zuschaut. Bei dem vorderen Keiler ist deutlich der Pinsel zu erkennen.

Es gibt dreijährige Keiler, die nicht mehr als 70 Kilogramm wiegen und solche, die im selben Alter 100 Kilogramm erreichen. Eine relativ junge Bache kann unter Umständen schwerer sein als ein älterer Keiler und umgekehrt.

1

2

3

1__Schwere, vermutlich ältere Bache in der Winterschwarte. Ihre Läufe wirken kurz. Das Haupt bildet ein nahezu gleichschenkliges Dreieck. Die Hauptmasse des Wildkörpers liegt vor dem Zwerchfell. Die Form erinnert an einen »Karpfenrücken«. Die Waffen sind auch bei sehr starken und alten Bachen nicht zu sehen.

Der bei Keilern ähnlichen Kalibers vorhandene Höcker auf dem Wurf fehlt.

2__So erleben wir die Sauen im Dezember beim Ansitz wie auf der Drückjagd: Die Bache kommt vorweg, die Frischlinge in der Perlenschnur dahinter. Es stellt sich nicht die Frage wie alt die Bache ist, sondern nur ob sie führt!

Viele Jäger schießen prinzipiell auf das erste Stück, weil es das größte und am leichtesten zu treffen ist.

Bis zur Vollendung des zweiten Lebensjahres lässt sich das Alter anhand des Zahnbildes recht genau feststellen. Allerdings ist die Unterscheidung zwischen Frischling und Überläufer fast immer auch ohne Blick auf den Unterkiefer möglich. Bedeutung erlangt das Zahnbild eigentlich nur bei der Frage, ob es sich bei einem erlegten Stück noch um einen Überläufer oder aber um eine bereits ältere Sau handelt.

Als letzter Dauerzahn erscheint der M III im Alter von 21 bis 24 Monaten (im Milchgebiss fehlen alle Molaren). Das Zahnbild schaut dann so aus:

$$\frac{\mathbf{3\,1\,4\,3}}{\mathbf{3\,1\,4\,3}} = \textbf{44 Zähne}$$

3__Die Abbildung zeigt den Unterkiefer einer Bache mit fertigem Zahnbild. Zähne, die bereits im Milchgebiss vorhanden sind, erscheinen in arabischen Ziffern, jene, die gleich als Dauerzähne durchbrechen, in römischen Ziffern.

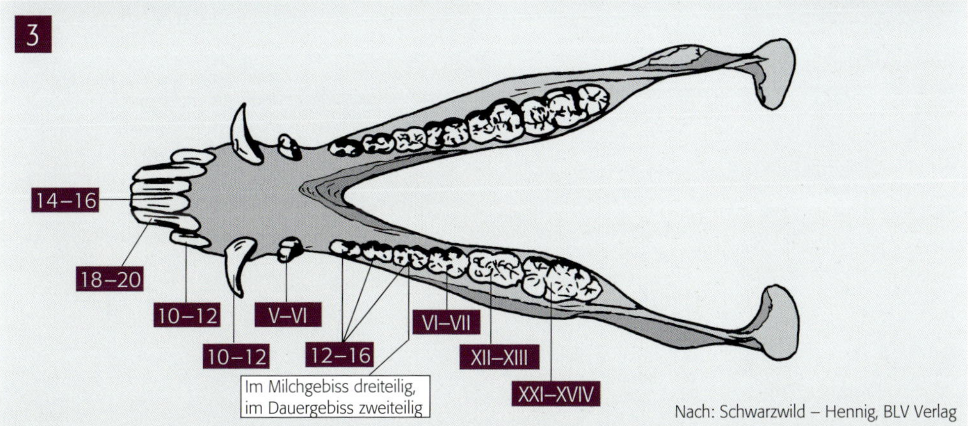

Nach: Schwarzwild – Hennig, BLV Verlag

Ansprechen in der Jagdpraxis

Bisher ging es vor allem um körperliche Merkmale, die uns Auskunft über das ungefähre Alter eines Wildtiers geben. Häufig hilft dem Jäger aber das Verhalten des Wildes, sich ein grobes Bild über dessen Altersklasse, vor allem aber darüber zu machen, ob er es bedenkenlos erlegen darf oder nicht. Selbstverständlich wurde lange Zeit auch bezüglich des Verhaltens manche heute nicht mehr haltbare Meinung gepflegt.

Wer verhält sich wie?

Wer bis hierher las wird bemerkt haben, dass sich mehrjährige Stücke bei keiner unserer heimischen Schalenwildarten »aufs Jahr genau« ansprechen lassen. Manchmal ist es schon schwierig, einjährige von mehrjährigen Stücken sicher zu unterscheiden. Bestes Beispiel ist das Schmalreh im Herbst oder Winter. Es kann bereits schwerer und/oder größer sein als manche Geiß, bei der man um diese Zeit längst kein Gesäuge mehr sieht – jedenfalls nicht am lebenden Stück auf jagdliche Distanz. Derartige Probleme gibt es immer wieder auch beim Schwarzwild. Überläufer, ja selbst Frischlinge können bereits führen und ältere Sauen müssen nicht unbedingt schwer sein. Dass es für einen Rehwildbestand keine Konsequenzen hat, wenn der von uns als fünfjährig angesprochene Rehbock erst dreijährig ist (der fünfjährige Bock wird dann ein Jahr älter) sollte sich inzwischen herumgesprochen haben. Mit dieser Aussage soll dem Jäger weder das Bestreben genommen werden, einen älteren Bock zu erlegen, noch soll sie den Jäger »enthemmen«. Wenn man jedoch ein Ziel erreichen will, muss man zuerst wissen und akzeptieren, was möglich ist und was nicht. Das, was wir oft so selbstsicher einen »Fehlabschuss« nennen, kann – je nach Wildart – für den Wildbestand selbst ohne Belang sein. Andererseits kann, was wir mit größter Selbstverständlichkeit tun und verteidigen, durchaus nachteilige Folgen haben.

In alter Zeit wurde bei den Geweihträgern, wenn überhaupt, nach der Stärke oder Vielendigkeit des Geweihs angesprochen. Beim Schwarzwild hingegen hielt man sich an die Körperstärke und differenzierte. Für die große Masse der Jäger hatte die Geweihstärke bis Ende des 19. Jahrhunderts kaum Bedeutung, schon gar nicht für den Adel. Das sehen wir schon an den damals geltenden Jagdzeiten. Dass der Hirsch schon im Juli und teilweise sogar im Juni erlegt werden durfte war nur möglich, weil auf die Geweihe überhaupt kein Wert gelegt wurde. Sie blieben beim Verkauf des erlegten Wildes an diesem. Verfegte Geweihe wanderten (wir Jäger halten doch so viel auf Tradition!) in die Knopffabriken, zu Hornschnitzern und Lüsterbauern gegen Ende dieser Ära zu den Erzeugern von Hornspänen und Knochenmehl.

Als Kaiser Wilhelm II. am österreichischen Hof zu Besuch war, erlegte er im Lainzer Tiergarten (Gatterrevier am Stadtrand Wiens) mehrere starke Hirsche. Monate später fragten die Berliner in Wien nach, wo denn die Geweihe der von seiner Majestät erlegten Hirsche blieben. Damit lösten sie bei der Hofjagdverwaltung in Wien offenbar einigen Wirbel aus. Die von Wilhelm II. erlegten Hirsche gingen nämlich – wie das meiste von den Habsburgern selbst erlegte Wild – samt Geweih zu einem Wildbrethändler. Von da an wurden im Bereich der Hofjagden die Trophäen des erlegten Wildes systematisch gesammelt. Zuvor wurden höchstens besonders auffällige Geweihe aufbewahrt. Allerdings gab es schon immer einzelne adlige Jäger, die Geweihe sammelten. Dabei handelte es sich aber nicht unbedingt um solche selbst erlegten Wildes, sondern um Raritäten, die europaweit zusammengekauft wurden (siehe Sammlung Erbach).

Ich wurde 1949 eingeschult. Im »Naturkundeunterricht« der Volksschule verzapfte uns der Lehrer noch die Weisheit, das Alter eines Rehbockes entspreche der Zahl der Enden seines Geweihs. Als ich Anfang der 60er-Jahre begann mit auf die Jagd zu gehen, gab es bei uns durchaus noch vereinzelte ältere Jäger, die glaubten, ein Gabler könne schwerlich alt sein, einfach weil er zu wenig Enden habe.

Die älteren unter uns erinnern sich bestimmt noch an die Einteilung des Schwarzwildes mit »Angehendes Schwein«, womit eine vierjährige Bache gemeint war, einem »Hauenden Schwein«, das fünfjährig und einem »Hauptschwein«, das mindestens sechs Jahre auf den Rippen haben musste. Über solche Einteilungen lächeln wir heute nur noch. Diese altehrwürdigen Bezeichnungen (früher sprach man beim Schwarzwild übrigens von der Brunft und vom Rudel!) und das Einordnen der Sauen in diese Klassen dürfen wir getrost den Berufs- und Freizeittheoretikern überlassen. So sagt das Gewicht einer mehrjährigen Sau wenig bis nichts über ihr tatsächliches Alter aus. Der dreijährige Keiler kann doppelt so schwer sein wie der sechsjährige – den es äußerst selten gibt – und eine führende Bache kann schwächer sein als eine starke Frischlingsbache!

Oft sagen uns beim Wild seine Vergesellschaftung und sein Verhalten mehr als zweifelhafte Körpermerkmale. Wir müssen uns Gedanken darüber machen, wie ein Wild im Jahreslauf lebt, wie es sich vergesellschaftet, wie es sich gegenüber Artgenossen verhält. Daraus können wir Schlüsse ziehen, welcher groben Altersstufe ein bestimmtes Stück zuzurechnen ist oder aber ob wir einen Schuss verantworten können. Hierzu nachfolgend einige simple Beispiele aus der Praxis.

Beim Rotwild

Beim Rotwild lebt das Kahlwild ganzjährig in Rudeln, die aus den Alttieren und ihren Kälbern bestehen – aus den diesjährigen und teilweise aus den letztjährigen. Die Größe solcher Rudel hängt ganz wesentlich vom Lebensraum ab. Rudelwild fühlt sich im kopfstarken Rudel am sichersten. In einem aus acht Tieren bestehenden Rudel muss das einzelne Mitglied weniger Zeit zum Sichern aufwenden als im Kleinrudel. Damit bleibt ihm mehr Zeit zur Nahrungsaufnahme. Innerhalb der Rudel besteht eine Rangordnung, an der ständig »gefeilt« wird und die keineswegs durchgehend ist. Das heißt: Tier A rangiert vor Tier B und C. C kann aber, was seine interne Beziehung betrifft trotzdem vor B rangieren. Angeführt wird das Rudel immer von einem Leittier. Das Leittier tritt, gefolgt von seinem Kalb, zuerst aus und es führt das Rudel beim Ziehen wie in der Flucht an. Nur führende Tiere können Leittiere sein. Verlieren sie (etwa durch Abschuss) ihr Kalb, geht ihnen gleichzeitig die Position des Leittiers verloren. Es ist jedoch nicht so, dass grundsätzlich das älteste oder schwerste Stück die Position des Leittieres einnimmt. Diese hängt von seiner »Persönlichkeit« und seiner Erfahrung im Umgang mit Artgenossen ab.

Was folgt daraus?

Nie auf das an der Spitze eines Rudels flüchtende oder zuerst austretende Stück schießen, auch nicht auf sein Kalb. Genau dagegen wird vielfach verstoßen: Das erste aus der Deckung ziehende Stück wird erlegt oder sein Kalb. Damit bringt der Jäger unbedacht viel »Wirbel« in das Rudel. Es wird vorübergehend führungslos, Streitereien um die Rangordnung brechen aus.

Diese Kahlwildrudel lösen sich während der Setzzeit vorübergehend auf. Die Tiere ziehen sich zum Setzen zurück. Die jetzt zu Schmaltieren und Schmalspießern gewordenen vorjährigen Kälber bleiben in der Nähe ihrer Mütter oder vergesellschaften sich zu zweit, seltener zu dritt und ziehen umher. Spätestens wenn ihre Kälber etwa drei Wochen alt sind, suchen die einzelnen Alttiere wieder die Gesellschaft ihrer Rudel.

Was folgt daraus?

Während der Setzzeit einzeln ziehende Schmaltiere oder Schmalspießer befinden sich meist in der Nähe ihrer Mütter. Wer auf sie schießt

Das Alttier erscheint immer zuerst, gefolgt von seinem Kalb. Wer auf das zuerst erscheinende Stück schießt, erlegt das führende Alttier. Denkbar ist aber auch, dass ein Leittier sein Kalb bereits verloren hat und auch die übrigen im Rudel befindlichen Tiere nicht mehr führen. Auch in diesem Fall wird man das Leittier schonen, um Rangordnungsstreitigkeiten im Rudel zu vermeiden.

beendet meist die Frühjahrsvertrautheit seines Rotwildes, weil der Schuss und seine Konsequenzen dem Alttier nicht verborgen bleiben! Wenn, dann sollte man nur auf Jährlinge schießen, die gemeinsam umher streifen und sich nicht in der Nähe der Setz- und Ablegeplätze befinden.

Nach dem Abwerfen der Stangen ziehen sich die Hirsche zurück und bilden eigene Rudel. Diese bestehen aus Hirschen unterschiedlichen Alters. Eine Führung analog jener in den Kahlwildrudeln gibt es nicht. Die sommerlichen Hirschrudel sind eher lose Zusammenhalte, die auch dem Zweck dienen, sich gegenseitig abzuschätzen. Das erspart Auseinandersetzungen in der Brunft. Vielfach ist zu hören oder zu lesen, in den Kolben- oder Feisthirschrudeln würden die älteren Hirsche jüngere Artgenossen »vorschicken«. Richtig ist, dass Junghirsche häufig zuerst austreten. Von »Schicken« kann aber keine Rede sein. Es ist offensichtlich einfach so, dass die jüngeren Hirsche im Rudel ungeduldiger und noch nicht so träge sind wie die älteren. Gelegentlich, vor allem wenn die Hirsche ihre Geweihe schon gefegt haben, treten auch die reiferen Hirsche zuerst aus, während jüngere im Einstand noch miteinander »scherzen«.

Wo es ihnen möglich ist, ziehen Feisthirsche in Hochlagen an und über der Baumgrenze. Dort ist es kühler und der ständig wehende Bergwind reduziert überdies die Insektenschwärme. In solchen Rudeln können bis zu 100 Hirsche versammelt sein. Im Flachland und Mittelgebirge gibt es so große Hirschrudel selbstverständlich nicht. Warum? Rotwild verlangt Sichtkontakt, anders ist das Leben im Rudel nicht vorstellbar. Der aber fehlt großen Rudeln im Wald, und auf landwirtschaftlichen Flächen würden große Hirschrudel sofort vom Publikum gestört. Oben aber wird der Wald lichter und gestattet dem Wild auch in größeren Rudeln Sichtkontakt. Ältere Hirsche meiden aber gelegentlich auch die Gesellschaft der größeren Rudel und stehen in kleinen Gruppen ohne Junghirsche beieinander.

Was folgt daraus?

Die Reihenfolge, in der Feisthirsche ihren Einstand verlassen, sagt wenig bis nichts über das Alter der einzelnen Hirsche aus. Wer zuletzt auszieht und ein außergewöhnlich starkes Geweih hat, muss noch lange nicht wirklich alt sein. In sehr großen Rudeln halten sich eher keine wirklich alten Hirsche auf.

Meist so Ende August verlassen zunächst die älteren Hirsche die Rudel und suchen die Nähe des Kahlwildes. Anfangs sind die »Planstellen« noch nicht alle besetzt. Daher kommt es kaum zu Rivalitäten. Je älter ein Hirsch ist (je mehr Erfahrung er bisher sammeln konnte) umso schneller hat er Anschluss an ein Rudel. Nach und nach suchen auch die jüngeren Hirsche die Nähe des Kahlwildes, halten aber Abstand. Ihre Nähe sorgt bei den älteren Hirschen für Unruhe. Nach und nach werden diese aggressiver und beginnen »ihre« Rudel zu verteidigen – die Brunft beginnt, es wird laut.

Anfangs beherrschen mehr alte Hirsche die Rudel als gegen Ende der Brunft. Warum? Sie waren zwar zuerst da, müssen sich aber immer wieder mit Konkurrenten auseinander setzen.

Diese Auseinandersetzungen sind stark ritualisiert. Bei so genannten Parallelläufen schätzen sich die Rivalen ab. Fühlt sich einer wirklich unterlegen, dreht er rechtzeitig ab. Zu Kämpfen kommt es nur zwischen zumindest ähnlich starken Hirschen, was aber nicht bedeutet, dass beide gleich oder fast gleich alt sein müssen. Im Laufe der Brunft können auch Hirsche, die längst noch nicht wirklich »reif« sind, die Oberhand gewinnen. Ein wirklich alter Hirsch, der ohnehin schon an der Grenze zum Abdanken steht, ist in der zweiten Brunftwoche oft schon völlig erschöpft und wird von einem weit jüngeren verjagt. Je länger die Brunft dauert, umso erschöpfter sind die Platz-Beherrscher und umso eher geben sie auch freiwillig auf. Sie mögen einfach nicht mehr. Junghirsche, die sich bisher schüchtern im Hintergrund gehalten haben, werden zudringlicher und versuchen »mitzumischen«.

»Platzhirsche«, also jene, die Kahlwild bei sich haben und verteidigen, verlassen dieses nicht. Sie ziehen einem rufenden Rivalen nicht nennenswert entgegen, weil dadurch Dritte die Gelegenheit hätten, ein brunftiges Tier

Feisthirschrudel sind lose Zweckgemeinschaften, und es ist ein Märchen, dass die alten junge Hirsche vorschicken. Wer zuerst austritt bestimmt meist der Zufall.

abzudrängen. Kämpfe finden immer in der unmittelbaren Nähe des Kahlwildes statt. Gegen Ende der Brunft tauchen gelegentlich auch fremde Hirsche auf, die der Jäger nicht kennt.

Was folgt daraus?

Wir dürfen nicht davon ausgehen, dass jeder Hirsch, der sich vor der Brunft schon beim Kahlwild aufhält, wirklich alt ist. Die Tatsache, dass ein Hirsch momentan Platzhirsch ist, besagt keineswegs, dass er wirklich alt ist, auch dann nicht, wenn er das stärkste Geweih trägt. Gerade gegen Ende der Brunft beanspruchen diese Position häufig mittelalte Hirsche. Hirsche, die sich in der Nähe eines Rudels aufhalten, sich in Rufduelle mit dem Platzhirsch verstricken, ohne zu kämpfen, sind nie alt. Auch jene Hirsche, die dem Jäger auf den Ruf zustehen, sind nicht alt, zumindest nicht die ältesten. Warum? Einfach weil Platzhirsche älter sind als Beihirsche und ihre Rudel nicht verlassen.

Noch so eine Situation, wie sie in der Praxis oft vorkommt: Die ganze Nacht hindurch ging es in den Talwiesen rund; die Brunft ist in vollem Gange. Aber ums Hellwerden lässt das Konzert schnell nach und das Wild zieht ein. Das Problem ist, dass man in der Früh' dort unten nicht unbemerkt beikommt. Also bezieht der Jäger einen Sitz 500 Meter oberhalb im Bergwald, um das Wild beim Wechsel in die Tageseinstände abzupassen. Tatsächlich, gegen 7:30 Uhr zieht ein scheinbar alter Hirsch mit starken Stangen alleine durch den Gegenhang bergwärts. Er bleibt mehrfach stehen, äugt zurück. Das kann nur der Platzhirsch sein, gleich wird das Rudel erscheinen ...

Was folgt daraus?

Nein – das kann niemals der Platzhirsch sein, denn der zieht nie seinem Rudel voraus in den Tageseinstand, es sei denn, er wurde kurz davor von einem Konkurrenten abgelöst. Immer wird das Brunftrudel vom Leittier angeführt. Der Platzhirsch macht den Schluss. Er schaut, dass keines der Tiere und Schmaltiere verloren geht. Der einzeln erscheinende Hirsch kann so alt nicht sein. Also Finger weg!

Beim Damwild

Zumindest das weibliche Damwild verhält sich ähnlich wie das Rotwild. Auch das Sozialverhalten der Hirsche unterscheidet sich nicht gravierend von dem der Rothirsche – außer in der Brunft. Während dieser Zeit läuft so ziemlich alles anders. Es gibt keinen Platzhirsch, der ein Brunftrudel hütet und seine Konkurrenten in die Flucht schlägt. Damhirsche verhalten sich in der Brunft nach dem Prinzip: Wer etwas will, soll kommen. Damit sind aber nicht die Artgenossen gemeint, sondern das Kahlwild.

Wenn sich die Feisthirschrudel auflösen, ziehen die Hirsche ihren tradierten Brunftplätzen zu. Solche bleiben über Jahrzehnte dieselben und werden oft erst dann aufgegeben, wenn der Waldbestand, in dem sie liegen, geschlägert und aufgeforstet wird. In den daraus entstehenden Dickungen fehlt den Hirschen während der Brunft die Sicht. Jeder Hirsch schlägt sich nämlich eine Brunftkuhle, in der er sitzt, knört und die Zeit an sich vorüberstreichen lässt. Die Kuhlen liegen relativ nahe beieinander;

manchmal sind es nur zehn Meter. Ähnlich wie Birkhähne mit ganz kleinen Balzarenen zufrieden sind und nur kämpfen, wenn ein Hahn die unsichtbare Grenze zu seinem Nachbar überschreitet, verhalten sich auch Damhirsche gegenüber Artgenossen erstaunlich friedlich. Wie die Birkhähne trachten auch die Damhirsche danach, sich im Zentrum eines Brunftplatzes anzusiedeln. Am Rand lassen sich die jüngeren Hirsche nieder.

Was folgt daraus?

Hirsche; die ihre Kuhle am Rande eines Brunftplatzes haben, sind selten alt, auch wenn sie starke Schaufeln tragen.

Das Kahlwild sucht die Hirsche auf und beobachtet diese. Brunftige Tiere suchen sich ihre Hirsche aus, nicht umgekehrt.

Was folgt daraus?

Dass es nicht immer der älteste Hirsch ist, der ein Tier beschlägt.

Nicht nur jüngere, sondern gerade auch die älteren Hirsche wechseln während der Brunft zuweilen ihre Brunftplätze. Sie tauchen kilometerweit von ihren »Stammplätzen« entfernt auf, bleiben vielleicht ein paar Tage und wandern wieder zurück. Manche Hirsche bleiben aber auch immer am selben Platz.

Damschaufler pflegen eine Kommunalbruft und verteidigen nur sehr kleine Brunftterritorien. Sie suchen auch nicht das Kahlwild, vielmehr werden sie von diesem besucht.

Was folgt daraus?

Man darf sich nie darauf verlassen, auf einem Platz dieselben Hirsche anzutreffen, die man dort vor Tagen bereits angesprochen hat. Während der Brunft ziehende Hirsche können durchaus alt sein – sie müssen aber nicht.

Beim Rehwild

Dass die Stärke eines Rehgeweihs in erster Linie von der Lebensqualität seines Trägers abhängt, hat sich inzwischen wohl herumgesprochen. Wem das nicht eingeht, der mag sich an unsere Väter und Großväter erinnern. Die kamen klapperdürr aus dem Krieg zurück und auch bei unseren Müttern konnte man die Rippen zählen, niemand hat sie deshalb als »schlechte Vererber« qualifiziert. Obwohl viele unserer Eltern recht »mickrig« waren, wurden die meisten unserer Generation und erst recht die unserer Kinder wesentlich größer und leiden unter Übergewicht. Bei den Rehen ist es nicht anders, und das müssen wir beim Ansprechen zur Kenntnis nehmen.

Rehe leben aber auch nicht in Rudeln. Zwar sehen wir manchmal durchaus kopfstarke Sprünge, bei diesen handelt es sich aber nur um lose Zusammenschlüsse einzelner kleiner

Immer wieder wird behauptet, beim Damwild würden die Hirschrudel stets vom stärksten Schaufler angeführt. Das Bild beweist das Gegenteil.

Rehfamilien. Sie nutzen gemeinsam bevorzugte Äsungsflächen und trennen sich dann wieder. Die Böcke verteidigen auch nicht »ihre« Geißen, sondern vom beginnenden Frühling bis in die Blattzeit hinein ihre Wohnräume. Zumindest ein Teil der Böcke ist in der Blattzeit schon gar nicht mehr territorial. Daher kommt es auch kaum zu Kämpfen zwischen den einzelnen Böcken. Rehe sind überdies recht frühreif und zwar sowohl die Kitze wie die erwachsenen Rehe. Auch das ist von jagdpraktischer Bedeutung.

Da Rehe – bei Feldrehen ist es etwas anders – nicht im Rudel leben, zeigen sie auch ein anderes Verhalten bei der Flucht als ausgesprochene Rudeltiere. Sie sind, wenn wir so wollen, Einzelkämpfer, die bei Gefahr so lange als möglich in ihren relativ kleinen Wohnbezirken (Territorien) bleiben. In diesen besitzen sie intime Kenntnis, können bei der Flucht auf die Benutzung fester Wechsel verzichten und trennen sich dabei gerne. Das Kitz, das eine Gefahr bemerkt, flüchtet einfach – es wartet nicht ab. In der gleichen Situation warnt das Rotwildkalb zuerst und wartet die Entscheidung des Mutter- oder Leittieres ab.

Was folgt daraus?

Rehkitze profitieren zwar davon, wenn sie den Herbst und Winter an der Seite ihrer Mütter verbringen können, sie können aber durchaus ohne diese überleben. Da die Kitze zu Beginn der Jagdzeit (1. September) schon relativ selbstständig sind, lockert sich die Mutter-Kind-Bindung bereits etwas. So kann es durchaus sein, dass eine Rehgeiß längere Zeit alleine auf einer Äsungsfläche steht, weil das oder die Kitze noch im Einstand herum bummeln oder gar noch ruhen. Das kann zur Einschätzung führen, die Geiß habe nicht gesetzt oder ihr Kitz verloren. Selbstverständlich kann es auch genau umgekehrt sein, nämlich dass das oder die Kitze heraußen sind, während die Geiß sich noch im Bestand aufhält. Der Jäger nimmt dann schnell an, die Kitze seien verwaist.

Bei Drückjagden trennen sich Geiß und Kitz je nach Situation. Auch dann wird eine Geiß als nicht führend angesprochen. Daher ist bei Bewegungsjagden immer damit zu rechnen, dass eine einzeln anwechselnde Geiß führt. Wer dieses Risiko nicht eingehen will, muss grundsätzlich auf den Schuss verzichten. Halbwegs sicher zu unterscheiden sind im Herbst und Winter männliche und weibliche Rehe, auch wenn die Böcke abgeworfen haben.

Jährlinge haben in der Regel noch keine eigenen Sommerwohnbezirke. Sie führen ein Nischendasein und sie tolerieren sich gegenseitig weitgehend. Bei sehr geringer Rehwilddichte zeigen allerdings auch starke Jährlinge mitunter ein territoriales Verhalten. Mehrheitlich werden jedoch erst die Zweijährigen, also Böcke zu Beginn ihres dritten Lebensjahres, »Wohnraumbesitzer«. Bei hoher Rehwilddichte gelingt es nicht jedem von ihnen, gleich zu Beginn des Jagdjahres einen eigenen Wohnraum zu erwerben. Sie verhalten sich dann ähnlich wie Jährlinge, haben es meist aber noch schwerer als diese, weil sie von allen etablierten Artgenossen als echte Konkurrenten angesehen werden. Dort, wo die Wilddichte besonders hoch ist, kann es vorkommen, dass zweijährige Böcke erst im Laufe des Sommers eine »Immobilie«

erwerben oder – selten –, dass sie noch ein Jahr warten müssen. Wo immer sie sich aufhalten bekommen sie Ärger mit anderen Böcken.

Was folgt daraus?

Besonders heimliche Böcke, die spät am Abend austreten und sich gerne am Waldrand herum drücken, sind eher jung als alt. Der sprichwörtliche »heimliche Alte« ist daher häufig nur zweijährig. Der Grund für seine Heimlichkeit ist weniger schlechte Erfahrung mit dem Jäger, als vielmehr die Prügel, die er von älteren Artgenossen bezieht.

Die meisten Böcke erobern zu Beginn ihres dritten Lebensjahres einen eigenen Sommerlebensraum. An diesem halten die meisten ihr ganzes Leben hindurch fest und verteidigen ihn. Kommt ein Bock ums Leben, wird sein Sommerwohnraum von einem anderen, bis dahin noch revierlosen Bock übernommen. Böcke haben auch wenig Neigung, ihre Sommerwohnräume im Laufe ihres Lebens zu vergrößern, denn jede Vergrößerung bedeutet ein Mehraufwand an Kontrolle, Markierung und Verteidigung zu Lasten der Nahrungsaufnahme und der Ruhe.

Was folgt daraus?

Wer dieses Jahr in einer bestimmten Revierecke einen mehrjährigen (territorialen) Rehbock erlegt, darf dort in den nächsten beiden Sommern keinen tatsächlich alten Bock

Rehe entscheiden immer autonom, ob sie gemeinsam oder getrennt flüchten. Hier steht das Kitz vor der Geiß; beim Rotwild folgt das Kalb stets hinter dem Alttier.

erwarten. Warum? Weil der Nachrücker selten älter als zweijährig ist. Wer unbedingt alte Böcke erlegen will, muss das beherzigen. Natürlich kann es an den Grenzen der Wohngebiete zu Überschneidungen und kleinen Veränderungen kommen. Daher ist es im Einzelfall durchaus möglich, dass im Sommerlebensraum eines bereits erlegten Bockes – vor allem in dessen Randbereich – wieder ein älterer Bock gesehen und vielleicht geschossen wird. Meist handelt es sich dabei um einen Angrenzer auf Erkundung. Grundsätzlich aber rücken nur junge Böcke nach. Wer sich darüber klar ist, kann auf das Ansprechen nach trügerischen Altersmerkmalen verzichten!

Beim Gamswild

Gamswild lebt in offenen Gesellschaften, in denen durchaus Rangordnungen bestehen, die aber nicht dem Rotwild vergleichbar durchorganisiert sind. So gibt es auch keine Leitgeiß. Vielmehr bestehen auch die Großrudel aus Familien, in denen jeweils die Altgeiß das Sagen hat. Die »Führung« des Rudels erfolgt eher zufällig und abwechselnd durch eine Geiß.

Bei Gefahr flüchten zwar die meisten Gams gemeinsam, doch Tiere, die eine sehr nahe Gefahr bemerken, flüchten, ohne auf eine Entscheidung »von oben« zu warten. Am kopfstärksten sind die Rudel auf den bevorzugten, übersichtlichen Äsungsplätzen. Letztere sind gewissermaßen Rendezvousplätze der verschiedenen Familiengruppen. Wildbiologen nennen dieses Verhalten der Gams »Fusion-Fission-System«.

Das Gamswild hält körperliche Distanz zueinander. Körperkontakt gibt es – außer in der Brunft – nur zwischen einer Geiß und ihrem Kitz. Das ist ein Verhaltensmerkmal von jagdpraktischer Bedeutung, denn in einem Rudel können viele Geißen und Kitze vertreten sein. Kitze bilden aber auch Spielgruppen und können dann nicht ihren Müttern zugeordnet werden.

Gams drohen untereinander oft durch bloßes Anstarren oder durch Senken der Krucken, worauf das unterlegene Tier meist unverzüglich die Distanz vergrößert.

Was folgt daraus?

Nicht führende Geißen erkennt man am schnellsten und sicherste dann, wenn die im Rudel befindlichen Kitze sich bei ihren Müttern aufhalten. Befindet sich ein Kitz in der Nähe einer zum Abschuss vorgesehenen Geiß, müssen wir uns Zeit lassen und beobachten, ob es zu körperlicher Annäherung zwischen Kitz und Geiß kommt oder ob die Geiß dies durch Anstarren oder Präsentieren der Krucken verhindert.

Es ist Anfang August; die Gams sind schon »frei«. Wir beobachten eine einzelne Gams, die wir als Geiß ansprechen. Die Krucke würde den lokalen Abschussrichtlinien entsprechen (biologisch ein kompletter Unfug!). Die Geiß ist eindeutig alleine.

Was folgt daraus?

Wir schießen auf gar keinen Fall. Eine nicht führende Geiß stände wahrscheinlich beim Rudel. Eher handelt es sich um eine führende

Geiß, die ihr Kitz im »Kindergarten« abgegeben hat und sich auf einem Tagesausflug befindet. Solche finden bei Gamsgeißen immer wieder statt. Das Gesäuge müssen wir nicht unbedingt sehen.

Es ist Spätsommer und wir beobachten ein Rudel Gams, das sich am Rande eines Latschenfeldes herumdrückt. Es ist schwer, die Tiere zu zählen, weil einzelne immer wieder hinter Latschen verschwinden, während andere heraus kommen, aber so um die 15 Gams werden es wohl sein. Mit dem Spektiv können wir nur Böcke erkennen. Wir bleiben und beobachten weiter in der Hoffnung, es könne ein alter, reifer Bock dabei sein.

Was folgt daraus?

Was wir sehen ist eine typische Herrengesellschaft, bestehend aus jungen und mittelalten Böcken. Ein wirklich alter Bock wird nicht dabei sein.

Es ist September. Im Wald drunten begegnet uns ein einzelner Gams mit – auf den ersten Blick – recht guten Krucken. Leider können wir ihn nicht mehr genau ansprechen, weil er in einen Graben steigt, in den wir keinen Einblick haben.

Was folgt daraus?

Die Wahrscheinlichkeit, dass es sich um einen älteren Bock handelt, ist groß. Wir sollten versuchen, ihn noch einmal zu sehen.

Engen Kontakt gibt es, außer in der Brunft, nur zwischen der Geiß und ihrem Kitz. Aber Vorsicht: Kitze halten sich oft in Gruppen innerhalb der Rudel auf, und nicht jede alleine ruhende Geiß ist auch nichtführend!

Es ist Ende Oktober. Wir sitzen schon zwei Stunden und beobachten ein Rudel Gams, das auf der anderen Seite drüben äst. Die Tiere äsen auseinandergezogen. Links unten halten sich etwas abseits zwei Tiere auf, die wir als Böcke ansprechen. Doch sind wir uns über ihr Alter nicht ganz im Klaren. Oberhalb des Rudels sitzt ein einzelner Gams auf einem kleinen Köpferl und genießt die Sonne.

Was folgt daraus?

Die beiden Böcke links unten werden nicht alt sein, sonst ständen sie jetzt nicht mehr beieinander. Aber jener auf dem Köpferl könnte passen. Sein Verhalten ist typisch für einen Platzbock. Er ist alleine und hat seine Position so gewählt, dass er die Geißen im Auge behalten kann. Wetten, wenn einer der beiden unteren näher kommt bringt er ihn in Schwung!

Beim Schwarzwild

Weibliches Schwarzwild lebt ganzjährig in Rotten, zu denen gelegentlich auch männliche Überläufer gehören. Alle in einer Rotte lebenden Tiere sind eng miteinander verwandt. In der Rotte herrscht eine Rangordnung, die immer wieder neu festgelegt wird. Männliche

Typisch: Der Platzbock sichert sich von einem »Köpferl« aus die Übersicht. Selbstverständlich ist nicht jeder Bock, der zufällig auf einem »Köpferl« steht oder sitzt ein alter Bock.

Sauen verlassen irgendwann im zweiten Lebensjahr die Rotten. Meist bummeln anfangs zwei oder drei von ihnen gemeinsam umher. Ältere Keiler ziehen immer alleine und treten nur dann zu einer Rotte, wenn in dieser ein Stück rauschig ist oder sich kurz davor befindet. Auf bevorzugten Äsungsflächen – etwa Getreide- oder Kartoffeläcker – können Rotten zusammentreffen oder einzelne Keiler dabei stehen.

Angenommen, eine einzelne stärkere Sau erscheint, dann werden die meisten Jäger an einen Keiler denken. Mag sein, dass es einer ist, doch kann es genauso gut eine führende Bache sein, deren Frischlinge noch im Kessel liegen oder im hohen Kraut des Ackers nicht zu sehen sind. Allerdings entfernen sich die Bachen, solange die Frischlinge noch im Kessel liegen (also während der ersten Lebenswoche) nur ungern. Sie suchen ihre Nahrung dann eher in der näheren Umgebung des Kessels. Allerdings kommt es immer häufiger vor, dass Bachen im Sommer im Feld frischen. Hier ist auf alle Fälle Vorsicht geboten.

Was folgt daraus?

Ist das Mondlicht gut und steht das Stück frei und breit, müssten wir – wenn die Frischlinge wirklich noch so klein sind – das Gesäuge sehen. Sind sie jedoch schon älter, ziehen mit und

Was kann hier schon passieren? Es ist nur ein Frischling dabei, der seine Streifen bereits weitgehend verloren hat und somit selbstständig ist. In der Mitte steht ein Keiler. Am Pinsel leicht zu erkennen.

sind nur im hohen Bewuchs nicht zu entdecken, gibt uns das unruhige Verhalten der Bache oder auch das Quieken der Frischlinge Auskunft. Wir müssen uns halt möglichst lange Zeit lassen.

Schwierig ist eine Entscheidung immer wenn eine gemischte Rotte vor uns steht. Manchmal steht eine Sau etwas abseits und wird dann schnell als Keiler angesprochen. Aber gerade Bachen mit noch sehr kleinen Frischlingen (die wir vielleicht nicht sehen) halten sich oft etwas abseits auf. Im Spätsommermond können früh im Jahr geborene Frischlinge wie Überläufer oder sogar schwache Bachen wirken. Da spielt auch die Körperhaltung und die Entfernung der »Vergleichstiere« eine Rolle. Frischlinge vergesellschaften sich aber gerne innerhalb der Rotten. Frischlinge sind auch übermütig und streiten um die Rangordnung.

Was folgt daraus?

Frischlinge, deren Streifen bereits verblassen, sind weitgehend selbstständig, und sie werden, wenn sie ihre Mutter verlieren, nicht aus der Rotte ausgeschlossen. Besteht eine Rotte jedoch aus mehreren Bachen mit Frischlingen ganz unterschiedlichen Alters, dürfen wir grundsätzlich nur auf Frischlinge schießen, weil diese meist nicht eindeutig ihren Müttern zuzuordnen sind.

Möglich ist, dass in einer Rotte Frischlinge unterschiedlicher Größe vorhanden sind. Leider neigen manchen Jäger dazu die kleinsten Frischlinge zu pardonieren und aus kommerziellen Überlegungen einen schon etwas stärkeren zu erlegen. Genau das geht oft schief, wenn es sich tatsächlich nicht um einen Frischling, sondern um eine führende Überläuferbache handelt.

Bei Tage sind die Frischlinge leicht zu erkennen und die Wahl fällt nicht schwer. Das Problem ist eher, dass sich die einzelnen Stücke gegenseitig decken.

Was folgt daraus?

Im Zweifelsfalle immer das schwächste Stück aus der Rotte erlegen!

Dass die Stärke einer Sau keine zuverlässigen Schlüsse auf ihr Alter zulässt, wurde an anderer Stelle schon angedeutet. Eine dreijährige führende Bache kann kleiner und leichter sein als eine starke Überläuferbache. Andererseits ist es heute so, dass die Mehrzahl der Überläuferbachen bereits führt.

Was folgt daraus?

Hat der Jäger eine größere Rotte mit mehreren Bachen vor sich, bleibt ihm in der Regel nur der Schuss auf einen Frischling. Verlieren alle Frischlinge bereits ihre Streifen, kann er auch den Schuss auf eine Bache wagen. Er wird dies jedoch nur dann tun, wenn ihm aus besonderen Gründen keine Möglichkeit bleibt auf einen Frischling zu schießen.

Mehrere uns schwächer und gleich stark erscheinende Sauen wechseln an. Das Licht ist bereits schwach, für einen Schuss reicht es aber noch aus. Wir sind uns aber nicht klar darüber, um was für Sauen es sich handelt.

Was folgt daraus?

Vermutlich handelt es sich um Überläufer. Es können aber auch Frischlinge sein, die ihre Mutter verloren haben und vorher mit dieser alleine zogen. Denkbar ist ferner, dass starke Frischlinge und Überläufer zusammen sind und wir im schlechten Licht den Unterschied nicht erkennen. Egal wie – wir schießen! Warum? Führungsbedürftige Frischlinge müssten sich auch bei diesem Licht gut von den anderen abheben.

Das gleiche Bild, wenn der Mond hinter dünnen Wolken steht. Jetzt wird die Unterscheidung zwischen führender Überläuferbache und starkem Frischling schon schwierig.

Literaturverzeichnis

BAYERN, A. U. J. von; 1976: Über Rehe, BLV Verlagsgesellschaft, München.

BUBENIK, ANTON; 1960: Rotwildzucht oder Hege auf biologischer Grundlage? Die Pirsch 7/60.

BÜTZLER, WILFRIED; 2001: Rotwild, BLV Verlagsgesellschaft, München.

FUSCHELBERGER, HANS; 1955: Das Gamsbuch, F. C. Mayer, München.

HELEMANN, WALTER; 1978: Um des Hirsches Kopf, Die Pirsch 19/78.

HENNIG, ROLF; 2001: Schwarzwild, BLV Verlagsgesellschaft, München.

HESPELER, BRUNO; 2003: Rehwild heute, BLV Verlagsgesellschaft, München.

DERS.; 2000: Jagd 2000 plus, Nimrod Verlag, Hanstedt.

DERS.; 2011: Schwarzwild heute, BLV Buchverlag, München.

JENNY, H. u. a.; 2000: Gämse Camoscio Chamutsch, Jagd- und Fischereiinspektorat Graubünden.

LANG, GERHARD u. a.; 1994: Rotwildbejagung aus wissenschaftlicher Sicht, Die Pirsch 16/94.

MEILE, PETER U. BUBENIK, ANTON; 1977: Gamswild richtig ansprechen, Die Pirsch 25/77.

MEHLITZ, SIEGFRIED; 1988: Damwild, im Buch der Hege Haarwild, Deutscher Landwirtschaftsverlag, Berlin.

REIMOSER, FRIEDRICH u. a.; 1988: Rehwildmarkierung in Niederösterreich; Der Anblick 5/88.

DERS.; 1991: Zur Genauigkeit der Altersschätzung, Der Anblick 5/91

SCHÄFER, ERNST; 1979: Hegen und Ansprechen von Rehwild, BLV Verlagsgesellschaft, München.

UECKERMANN, E. U. HANSEN, P.; 1968: Das Damwild, Verlag Paul Parey, Hamburg.

WÖLFEL, HELMUTH; 1998: Mit Traditionen brechen; Jäger 8/98.

DERS.; 1999: Turbo-Reh und Öko-Hirsch, Leopold Stocker Verlag, Graz.

Bildnachweis

Arndt, Hg.: 49 o, 135 o, 144
Arndt, S. E.: 11 or, 113 or, 129 ul, 131 u, 134, 137 u, 151
Bagy: 148
Büscher, Felix: 2/3
Danegger: 55, 63 u, 65 o, 77 u, 79 ur, 77 u, 92/93, 94, 97 o, 105 or, 105 ol, 107 ol, 139 o, 153
Gruber: 7
Hassenpflug: 155
Hespeler: 43, 59 u, 61 o, 71 ol, 71 ul 71 ur, 81 o, 81 ur, 83 ol 83 or, 85 , 87, 109
Hess: 149, 156/157
Hopf: 41 o, 45 o, 45 u, 59 ol, 61 u, 83 u
Krewer: 37 u, 125 u
Lüdicke: 23 o, 24, 27 u, 31 ur, 45 M
Magyar: 15 ol
Marek: 1, 2, 11 ol, 13 o, 13 ul, 15 or, 21 ol, 21 u, 25, 27 ol, 27 or, 28 or, 29 ol, 31 ul, 33 or, 33 u, 35 u, 37 o, 41 u, 47 ol, 65 ur, 67, 69 u, 73, 77 o, 81 ul, 95 o, 103 ol, 107 ul, 107 ur, 110/111, 115 o, 117 u, 121, 126/127, 129 ur, 130, 132
Merker: 29 u
Meyers: 8/9, 11 u, 15 u, 19 o, 52/53, 97 u, 101 u, 105 u, 107 or, 113 ol, 123 o, 135 M, 137 o
Morerod: 31 o
Pum: 154
Radenbach: 34, 119 o, 129 o, 131 o, 146
Rogl: 95 u, 99, 101 o, 103 or, 103 u
Schiersmann: 17 o, 38/39, 47 or, 49 u, 51 o, 117 ol, 123 u, 133 o
Schilling: 17 u, 59 or, 75 u
Schneider: 19 ur
Volkmar: 13 ur, 19 ul, 21 or, 23 u, 33 ol, 35 o, 21 M, 47 u, 51 u, 57, 63 o, 65 ul, 69 o, 75 o, 79 ol, 113 or, 115 M, 115 u, 117 or, 119 u, 133 u, 135 ul, 135 ur, 137 M, 139 M
Wölfel: 89, 91

Über die Autoren

Bruno Hespeler war viele Jahre lang Berufsjäger bei der Bayerischen Staatsforstverwaltung und Revierleiter im Privatforstdienst. Seit über 30 Jahren arbeitet er als freier Journalist und Autor, ist tätig als Berater und Gutachter bei Jägern, Forstverwaltungen und Gebietskörperschaften und leitet Exkursionen zu forstlichen, wildbiologischen und kulturellen Themen mit Schwerpunkten in Friaul und Slowenien.

Bernd Krewer leitete bis zu seiner Pensionierung das Gesamtrevier Springiersbach bei Cochem/Mosel. Er führte und züchtete verschiedene Jagdhunderassen, war ein bekannter Nachsuchenspezialist und betreut seit langem als freier Mitarbeiter den Jagdhundeteil der Jagdzeitschrift DIE PIRSCH.

Impressum

Bibliografische Information der Deutschen Nationalbibliothek

Die Deutsche Nationalbibliothek verzeichnet diese Publikation in der Deutschen Nationalbibliografie; detaillierte bibliografische Daten sind im Internet über http://dnb.d-nb.de abrufbar.

5. Auflage, Neuausgabe

BLV Buchverlag GmbH & Co. KG
80797 München

Umschlagkonzeption: Kochan & Partner, München
Umschlagfotos: Erich Marek

Lektorat: Gerhard Seilmeier, Alexandra Stronski
Herstellung: Ruth Bost
DTP: Satz+Layout Fruth GmbH, München

Gedruckt auf chlorfrei gebleichtem Papier

Printed in Germany
ISBN 978-3-8354-1142-5

Hinweis
Das vorliegende Buch wurde sorgfältig erarbeitet. Dennoch erfolgen alle Angaben ohne Gewähr. Weder Autoren noch Verlag können für eventuelle Nachteile oder Schäden, die aus den im Buch vorgestellten Informationen resultieren, eine Haftung übernehmen.